U0459242

气场：

让你更强大的神秘力量

罗信坚　编著

成都地图出版社

图书在版编目（CIP）数据

气场：让你更强大的神秘力量／罗信坚编著. -- 成都：
成都地图出版社有限公司，2018.10（2024.11 重印）
ISBN 978 - 7 - 5557 - 1067 - 7

Ⅰ．①气… Ⅱ．①罗… Ⅲ．①成功心理 - 通俗读物
Ⅳ．①B848.4 - 49

中国版本图书馆 CIP 数据核字（2018）第 237958 号

气场：让你更强大的神秘力量
QICHANG：RANG NI GENG QIANGDA DE SHENMI LILIANG

编　　著：罗信坚
责任编辑：陈　红
封面设计：松　雪
出版发行：成都地图出版社有限公司
地　　址：成都市龙泉驿区建设路 2 号
邮政编码：610100
电　　话：028 - 84884648　　028 - 84884826（营销部）
传　　真：028 - 84884820
印　　刷：三河市泰丰印刷装订有限公司
开　　本：880mm×1270mm　1/32
印　　张：6
字　　数：136 千字
版　　次：2018 年 10 月第 1 版
印　　次：2024 年 11 月第 10 次印刷
定　　价：35.00 元
书　　号：ISBN 978 - 7 - 5557 - 1067 - 7

版权所有，翻版必究
如发现印装质量问题，请与承印厂联系退换

前　言

生活中，有些人总能路路畅通、事事顺利、左右逢"缘"，而有些人却总是时时遇堵、事事碰壁、凡事难成。于是，人们相信在某些人身上一定存在着一种强大的隐形能量，可以吸引来幸运女神的眷顾，而这种强大的能量就是——气场。

自从美国心灵励志大师皮克·菲尔博士提出"气场"这一概念后，气场学说风靡全球。人们发现，气场早已是全球政治圈、财经圈里顶级精英之间心照不宣的成功法则，像马云、李开复、巴菲特、比尔·盖茨、奥巴马这些商界或政界的巨擘，无不是运用气场的高手。

其实，气场学说已在东方流传了数千年，随着东西方文化的交流，它又沿着丝绸之路传到西方。自此，气场成了东西方历史上许多成功人士的一个不宣之秘。

虽然身处不同的时代、不同的国家，说着不同的语言，成就着不同的事业，但许多成功者都是气场强大的人。他们的气场不仅来自于他们的成功，而且成就了他们的成功。

每个人都有专属自己的气场，它是你我独特的"名片"。气场有强弱之分，因人而异。气场强大的人能让这种能量延绵数千米，掌控自己和影响方圆之内的人们和环境；气场弱的人则仅能让这种能量浮在身体外表，往往容易被外界影响和操控。总而言之，气场越强大的人越容易掌控自己和局势，也更容易成功。

气场是一个人的性格、气质和价值观综合体现出来的能量，这种能量能够释放出来，有令人羡慕的，也有令人厌恶的。气场是一个人与世界进行能量交换产生的结果，一个人的气场是他的精神世界和生命经历的体现，那些拥有强大气场的人，也一定是在不断的经历中做了积极的感悟、总结、改变之后才修炼成了今天受人瞩目的自己。

气场能感染、带动周遭人的情绪，还能影响、左右事态的发展。它类似荧光剂，并根据人们自身内在信息发出明亮或暗淡的光，进而吸引周围人的注意力；它又像一块磁铁，基于"同频共振，同质相吸，同类相聚"的吸引定律，根据人们自身散发的积极或消极的态度和情绪吸引相应的人或事到自己身边来。

每个人的气场各异，但毫无疑问的是，让自己的气场变得强大是每个人的愿望。这的确不是一件轻而易举、一蹴而就的事。要不断扩大和加强自己的气场是一个循序渐进的过程，需要在经历、思考与感悟中慢慢沉淀。气场没有最强，只有更强，所以修炼气场的课程需要花费一生的时间来完成。

本书用通俗易懂的语言、深入浅出的道理、娓娓动听的故事、实际有效的例证，带领你来认识气场的秘密，掌握气场训练的具体技巧，学会运用气场增强亲和力、提升影响力、赢得黄金人缘、打通财富之路、拥抱成功人生，可谓一本最适合读者阅读的气场修炼真经，一门最具实践与指导性的本土化气场提升专项课程。

翻开本书，了解你的气场，提升你的气场，让气场助你收获幸福、迈向成功！

2018 年 8 月

目　录

第一章

气场的真相

气场是什么

不知何时，一个新词在人们身边悄然出现，它频繁出现在各大媒体、网络、书籍上。当今，无论是世界首富比尔·盖茨，抑或是美国奥巴马总统；无论是世界最著名的脱口秀主持人奥普拉，还是阿里巴巴集团创始人马云；不管在官方新闻、杂志、报刊，还是娱乐节目——全世界都在议论它，评价它。没错，这个词语就是气场。你现在心中一定会有疑问：什么是气场？

气场是无形的，看不见也摸不着，却真实存在，它就是围绕在人身体周围的巨大的磁场，它能吸收你成长中所有的得与失，无论你的性格长相，还是气质品味，抑或是你的家庭环境、成长经历，这些元素经过各式各样的变化组合，会演化成一种无形的能量。这种能量附着于人们形成了独特的存在形式，这就是人们所说的气场。

有的人将气场与吸引力法则等同起来，这个观点是错误的。"气场"要远比"吸引力法则"更强大，确切地说，气场的一个分支上有吸引力法则，而这一分支就曾成就了历史上许多伟大人物：柏拉图、伽利略、牛顿、毕加索、巴尔扎克、卡耐基等等，以及许许多多非凡的发明家、伟大的思想家、卓越的科学家。由此可以推断，气场的力量有多么巨大。

另外，二者最大的区别就是，"吸引力法则"更趋向于依赖意志以及天赋的作用，而气场对每个人而言却都能轻易获得，并能灵活运用进而成为改变命运的万能钥匙。

在一个人年幼时，就逐渐有了气场，他对外界就有了吸引力。比如你想得到某件东西，你想要完成某些目标，这时，你心中的想法会不断地向外传递信号。有的人信号强，有的人信号弱，但无论强弱，这种信号会伴你一生。

生活中，领导者、电影演员、演讲家、培训师等等，是最能体现一个人气场的职业。你可以试着走近一个人，去感受他身边的气场。气场因人的不同而有很大差异，或高兴，或悲伤，或忧虑，或兴奋，或忐忑不安……不同的个人感觉都是一种气场。

为了方便理解，请看下面几个简单的例子：

憨豆先生，大家都不陌生，他随便一个表情、动作，让人看了就忍不住想笑，那是因为他的喜剧气场在散发吸引力；布拉德·皮特，酷味十足，他一入戏，就能轻易吸引全场观众的目光，这是气场强悍的典型；天王迈克尔·杰克逊，不论在哪里开演唱会，都人气爆棚，场面极其火爆，很多歌迷为之激动、落泪、疯狂，有些甚至因过度兴奋而昏厥，这也是气场在"作怪"……

上述几位名人，那种架势，那种底气，那种带动全场的能力就是气场。

气场还有这样的解释。气场是"人格魅力＋气质＋影响力"体现出来的氛围，这种氛围能够投射出去，将会引发强烈的反响。

如果你看到一个人，你的目光不自觉地被他吸引，这就表示这个人的气场很强大。气场强大的人总是无比自信，似乎身边没有其他人的存在，不断地、毫不顾忌地向外扩张吸引力。他们讲话有底气，讲了大家会听，听了还会记住，不仅如此，记住之后还会按照他说的去做。总之，他们会带动周围人群的情绪，让周围人的注意力不自觉地集中到他身上。靠近这类人，会让你忘掉原本的个性，完全生活在他的气场之下。

气场强大的人，往往具有同样强大的内心，强大到能对别人产生震慑力，从而得到大家普遍认可。在交际场中，他们顺风顺雨，是众人关注的焦点；在职场中，上司欣赏他，客户喜欢他，同事佩服他；在生活上，他们春风得意，总是能心想事成，不管做什么事都能轻而易举地成功；甚至在情场中，他们也是活跃分子，身边总有很多异性非常欣赏他们。

相反，气场薄弱或不稳定的人，往往内心也十分脆弱。换句话说，他们是平庸的，没有自信和生活激情的人。他们的生活是灰色的，好事似乎从来都不会光顾他们，坏事却总往他们身上跑，无论他们想干什么，都与成功无缘。他们对自己没有信心，对未来充满沮丧情绪，任何事情都提不起他们的兴趣，没有可以容纳他们的场所。这样，萎靡不振的情绪持续得太久，就会致使气场收缩，而他们，就在气场的不断收缩中甘于平庸。

你想做左右逢"缘"的成功人士，还是就想碌碌无为终了一生？显然，每个人都会选择前者。可是，很多人对自己都没有信心："我怎么可能做到呢？""我有那种能力吗？""真的不行，我太渺小了！"……如果这种思想一直左右着你，那你这一生都将活在羡慕和自卑的情绪当中，你的气场也只会不断收缩。

从现在起，你要学会让自己的内心强大起来，发现自己的优势。当然，这需要有人指点你，为你引路。其实，有许多切实可行的神奇方法，人们可以利用它们建立自己磁性般的气场，在人群中熠熠生辉！

科学证明气场真实存在

世间万物都有自己的气场，它是一种无形的精神符号。 通过气场人们就能告诉别人自己是积极的、健康的、阳刚的、有能力的，还是消极颓废、阴郁保守和碌碌无为的。 神奇之处在于气场不需要用任何语言进行修饰，也用不着你做出任何解释，就能让人们感受到它强大的力量。 正是由于气场的这些特质，有人才将其归为唯心的，太理想化，还有些人根本不相信它的存在。

其实，气场看似玄妙不可捉摸，但它也是有科学理论为依据的。 从本质上来说，气场是基于量子力学中同质相吸、同频共振的科学原理产生的。 换句话来解释，就是人们的语言、行动、思想、情感等结合在一起所构成的能量形式，吸引与其同质的人和事，产生这种吸引力的能量就是人的气场。

量子力学的证明研究是对那些不相信科学事实，认为气场根本不存在的人的有力回击。 不过，对大多数人而言，还非常不了解量子力学。

量子力学发展的基础是旧量子理论，是一种描述微观世界结构、运动与变化规律的物理科学。 对量子力学的研究还引发了许多跨时代的科学发明，其中就包括对气场存在的证明。 要证实气场的存在，人们首先要探索宇宙的运转原理。

浩瀚的宇宙，茫茫无际、不可捉摸，但日月星辰却能有条不紊地沿着各自的轨道运转，不知道你是否想过这是出于何种原因，这样的宇宙体系是谁一手设计的呢？ 这不得不让人相信有一种看不见、摸不着的巨大能量，牵引着宇宙万物各行其道。 可以说，正是由于它的存在，才保证了宇宙中大小行星有条不紊、各行其道的状态；正是由于这种能量的存在，地球才能日复一日、年复一年地保持运转状态，才有春夏秋冬的四季变化。

这股神秘的力量牵引着宇宙有规律地运转。 既然它能够引导日月星辰，自然也能够引导每个人的生活，而这种能量就是今天所说的气场。 而谁有这么强大的力量呢？

现代量子力学表明：宇宙万物都有能量，而且这些能量都在不停地振动，并随之产生一定的频率。 而它们各自的振动频率也都有自己的特色，所以世间万物才会呈现出各自不同的面貌。 正如佛语"万事万物皆由姻缘而聚合"——科学研究有力地证明了佛教的哲理。 不同振动频率的能量不仅能够构成各种人们肉眼可以看得见的物体，也构成了思想、意志、情绪等看不见的东西。 成语"惺惺相惜""心有灵犀"正是对人们能感应到他人思想和行为的描述，也表明振动频率是切实存在并能被宇宙万物感知的事实。

量子力学中有一个重要理论就是振动频率相同的东西，能引起同质事物的共鸣。 人们的思想、意念、情绪都具有可感知的能量，而振动频率由我们的脑电波源源不断地产生，只要有振动，就会有力量影响其他也在振动的事物。 大脑是这个世界上最强有力的"磁铁"，每当人们起心动念时，内心就会有信号发出，那些和你的脑电波振动频率相同的东西就被你吸引并引起共鸣。 这也正是气场所指的"你生活中的一切，都是被自己吸引来"的理论。

总而言之，无论是积极的能量还是消极的能量，它都在吸引着同质的事物构成生活中的各个组成部分。 如果振动的频率没有改变，气场能使得它吸引的同质事物越来越多，不断扩大膨胀。 这就解释了为什么有时候落魄的人会越来越落魄，而那些运气好的人会越来越走运。

　　智者的灵感和智慧往往产生在对事物的冥想之中，而这些智慧和灵感正被科学不断地求证、检验。那些总是要等到科学明确无疑地证实了智者智慧的人，当他醒悟的时候，别人都已经知道了。气场的存在是不可改变的事实，是永恒不变的真理，任何力量都不能摧毁人的气场。

气场是生命之源

　　初遇"气场"，也许你会感到陌生，误以为这是新时代的新鲜词。其实，气场并不是今人的发现，它从古至今一直都存在，甚至宇宙万物都具备独特的"气"。尤其是古代中国，对于这一点更有着颇为系统、专业的研究。

　　熟悉中国文化的人，不会对"五行"这个词感到陌生。但是，五行的"行"字，却很少被人提及。古人行文作词，每一个字都有讲究，"行"在古代是一种动态的描述，而"五行"即阐述金、木、水、火、土五种基本元素之间的运行关系。

　　例如，传统中医就认为，不同的物质具有不同的"气"，而这种气息会从物质的表面发散出来，使人产生各种不同的感觉。不仅是中国，西方国家也有相应的理论。美国著名心灵励志大师皮克·菲尔在其著作《气场（Charisma）》一书中就曾提到过：宇宙的运转产生气场变化，气场又影响物质的产生，驱动着它们的运行，东方古老的智慧与西方科学都在交叉证明着这样的事实。

当然，世间万物的运行纷繁芜杂，"气"的原理与具体运作方式我们很难获晓，因此只能借助于物质的某些共性将其分类。我们不妨以人对事物的感觉为基准，将自然界的万物分类，借助集合的形式表现出来：

A 集合：让人心生柔软的感觉或感受到生长的气息。

B 集合：让人觉得热，像接近火一样的感觉。

C 集合：让人产生潮湿的感觉。

D 集合：让人觉得干燥。

E 集合：让人感觉到清凉舒爽。

上述的 5 个集合，能够将自然界的万物都容纳其中。比如，看到涓涓流淌的小溪，我们必然会感觉到清凉，那么小溪属于 E 集合。再如，初春时节，小草从地里冒出，人们会感到喜悦，甚至体悟到一种生命不息的感觉，那么小草属于 A 集合。当我们看到不同的物体，就会产生不同的感觉。

能够体会到不同的特殊感觉，这即气的作用。因此，我们可以认为，上述的 5 个集合是按照物质的"气"进行分类的，即 A 集合是具有柔软或生长之气，B 集合具有火热之气，C 集合具有潮湿之气，D 集合具有干燥之气，E 集合具有水一样的清凉之气。可以说，自然界的任何一种物质都必然属于上述的某一个集合，而这 5 个集合也描述了自然界中的所有物质。

从本质上说，五行理论中的金、木、水、火、土就是上述集合的名称，而这些元素的共性就是"气"。加之时间与空间始终处于不断的运行变化中，致使地球上的气场有了阴阳五行之分，并产生风、寒、湿、暑、燥、热，即六气。五行六气的相互作用，使万物具备了特殊的气性，人与物的区分也正是从这里开始。天地间五行之气和人体内五行之气遵循着"同形相感"的原理，影响着人体的基因的活动，由此给人们截然不同的生命旅程。

每个人，都会拥有一个不可复制的独特气场，会给我们带来截然不同的心理感受。有的人低调深沉，有的人趾高气扬，有的人你一眼看上去就很想接近，有的人你接触了很久却仍旧心生厌恶。在与这些不同气场的人交往时，我们势必也会与他们的气场发生"反应"，或变得成熟，或变得热情如火，或变得亲切如故，或变得不愿理睬。不同的气场碰撞，造就了不一样的事态，不一样的结局……

物以类聚，人以群分。这句话我们并不陌生，它讲述的，正是气场的作用。将它与自身的人生际遇结合起来就会发现，一个优秀的人会对"他的向往"产生吸引力，他想得到的东西会主动向他跑过来，从而使他的气场更大，信心更足，成功更轻松。

说了这么多，结论已经呼之欲出——气场，是整个世界的组成，是一种力量，是延续生命生长过程的能源力量，它对生命运动产生影响，并在一定程度上成为"生命之源"。没了气场，你就会磕磕绊绊、一事无成，这与行尸走肉又有何区别？

态度决定气场

先讲一个笑话：

有一个小伙子，大学毕业几年了还找不到适合的工作，工作也换了好几个，却一直是底层的小职员。年近30的他，还是什么也没有。每天都郁郁寡欢，意志消沉。他的母亲看在眼里也急在心里，于是带儿子去算了一卦。

算命先生看了看小伙子的生辰八字，不禁皱起了眉头，语气沉重地说："你啊，将会一直穷困潦倒，直到40岁。"小伙子听完算命先生的话后更加抑郁。没想到母亲开口安慰道："没事，40以后就能飞黄腾达了。"算命先生打断母亲的话，说："你理解错了，我的意思是40岁之后他就习惯了穷困潦倒的状态了。"

虽然这只是个笑话，但生活中确实有这样的人存在，他们十分相信占卜或是宿命，常常找算命先生指点迷津、排忧解难。如果你将自己的命运寄托在神明身上，那就大错特错了。

生活中，人们会发现，一个胸无大志的人，一生中很难取得什么大的成就；而一个拥有远大抱负的人，成功的概率就很高。这一切不是由命运决定的，而是由一个人内心的气场决定的。不要觉得这很玄妙，其实所有的奥妙都在你自己的身体内，是它决定了你的人生坐标。

一个意志力消沉的人，若被暗示他的未来前景大好，他可能从此精神大振，而这种积极的态度又会给他带来一个较为美好的转变。这时，他会认为幸运女神眷顾着他，殊不知，这些改变都是他自己付出的努力。从悲观的消极情感变成乐观的积极情感，完成了自身气场的转变，因此命运也发生了变化。

人们常说性格决定命运，准确的说法是态度决定了人的气场。积极和消极的气场会使人们收获到不同的结果，因而命运也有天壤之别。如果你还在相信上天注定的命运，那建议你先改变自己的气场。

第二章

气场决定命运

操控命运的那双手

命运，一个充满了玄妙色彩和无限遐想的词语，一个令无数人渴望探知究竟和预测未来的秘密。可是，命运到底是什么，谁又是命运背后的操纵者，这个问题众说纷纭。

古人说：命由天定，运由己生。显然，这是对命运的一个较为客观的认识。"命"是与生俱来的，是不可为的元素，而"运"呢，则是指一个人的行程。这句话也阐述了自己把握的只能是运，就是自己的路怎样去走，而与生俱来的天分和条件则是不可变更的，合二为一就是命运。

那么，合二为一的命运到底是由天定，还是由人来掌控呢？

孔子曾经说：五十而知天命。意思是说，人到了 50 岁的时候，会自然而然地形成属于自己的一套命理学观念。也有人提出："命"这个概念并不大，"命"只要大过于本人，即"我"，就足以称为"命"。因为，它能够左右"我"的力量。然而，这里有一个问题：到底谁能够左右"我"呢？

事实上，如果把天命理解为"一切天定"这么简单和绝对，那么孔子不用等到 50 岁才知道。再者，也没有任何一个人甘愿听从"天命"，即便是算命算出了灾祸，他也绝不会坐以待毙，而是要求破解，甚至要求做些"法术"扭转乾坤。孔子把对"命"的理解提高到"不知命，无以为君子"的高度，不仅对"命"有所敬，且有所畏。这是一种科学的态度，一种信仰的态度。之所以说五十才能够知天命，是因为人到了这个年纪的时候，基本上能够做到"不怨天，不尤人"了，这是一个自然循环的系统，内心有一种力量去对抗外界，这才是所谓的知命；而能够达到此般境界的人，内心往往都有一股强大的定力。 当一个人内心有了这股强大的定力之后，他的外在表现则是：不会听任何流言蜚语，不会相信命该如此，而是坚定不移地做自己，进而形成一股强大的气场。

别怀疑，你没有听错，就是气场！

说到这里，你也该明白了，命运是可以由人来掌握的。 人们通常所看到、听到的，所谓的命运如何，实际上都只是一种心理暗示，它并不能够真的改变什么。 真正改变命运的，让好事与坏事发生的，是自己的心态，是一种无形的气场。

所谓的命理学，它的基础正是气场之间的相互影响，操控一个人命理走向的，也是气场这只无形的手。 别以为这是虚妄之言，前面我们说过，任何事物都存在气场，太阳与星球之间有气场感应，人与人之间也有气场感应，人生的成败得失，都与这个隐藏在黑色大幕后的气场有着密不可分的关联，只不过很多人没有意识到罢了。

命理学探索的是人体生命运动的规律，其理论源于宇宙间万物的气场感应，而气场感应则是具体的人与外部环境间的"能量交换"，这个过程是极为复杂的，但它却对人体生命运动的平衡起着至关重要的作用。 外界的气场，大环境的气场，影响着个人的气场；而个人的气场，又在发散出电磁感应，影响着其周围的人。 气场的变化决定着我们的方向和成败，并为我们构建了一个人生环境，然后在此基础上，才有命理学的产生。

当金融危机爆发的时候，它在世界范围内形成了一个巨大的气场，而这种气场不仅会直接影响到经济，甚至还能够影响到那些表面上看似与经济问题毫无关联的东西，比如家庭、人与人之间的关系，甚至一个人的内心想法。但是，它们真的毫无关联吗？不是。人体与宇宙气场会进行物质交换，分有形和无形两种方式。其中，心灵信息的传递就属于无形的，因此那种气场感应也是无形的。这样讲来或许比较晦涩，举个最简单的例子：当金融危机爆发的时候，各大企业的效益会遭受牵连，与此同时许多人也会在这种"恐怖"的气场下变得恐慌，甚至迎来失业、降薪的噩耗，而这种恐慌和压力会直接影响他们的生活，以及他们对待家人、朋友的态度，甚至会导致一些家庭关系出现问题。有人会抱怨命运，祸不单行，实际上这都是气场在作怪。

我们时常看到一些成功者感谢上帝，感谢命运的青睐。但是，当成功的奇迹诞生的时候，上帝却在观望。这些人并不知道，自己的成功实际上是源自自身的作用力。从命理学上来看，他们的命运是被纳入了一个良性的成长轨道，帮助他们成为万里挑一的佼佼者，这一切与上帝没有丝毫关系，完全是个人气场的作用。

这时，你一定明白了气场有多么强大的威力，它才是掌控命运的那双手。当你发现了这个智慧之后，就要正确对待它，顺应它的规律。当你能够控制自身气场的时候，就可以"知命"，并控制你的命运。记住，这是真的！

藏在运道背后的秘密

出征前要占卜，遇事时需行卦……古代的中国，仿佛特别迷信"运道"，认定运道即人生的真理，无论安邦治国，抑或娶妻生子，都需要占卜算卦一番。 若结果显示不宜，人们往往会更改时日，从长计议。 若是非要"逆天而行"，那么一定会受到"上天的谴责"，招来灾祸与厄运。

时至今日，运道依旧在生活中发挥着重要的作用。 除了传统的抽签拜佛，西方式的占卜、星座、塔罗牌等也开始大行其道。 尤其许多星座运势专家，更是被新时代的年轻人所追捧。 这周工作是否顺利，下周爱情是否甜蜜，星座运势专家都会分析得头头是道。 遇到类似的情形，人们会坚定不移地相信：运道的确存在。 那么，事实果真如此吗？

其实，通过占卜得来的"运道"，很大程度上不过是一种心理暗示。 例如，一个原本缺乏信心或是正在苦苦努力追寻理想的人，在某个地方听到或看到"近期运势不佳"，便会信以为真，并不断地暗示自己：最近就要走背运了。 当一个人将自己全部的心思和精力都置于这样的消极暗示中，自然就会放弃努力，随之而来的是各种麻烦或失败。 他会觉得，这一切都是自己走了"背运"的缘故，殊不知是他自己放弃了努力，使得周身的积极气场迅速发生了蜕变，成了一个担心失败却又在亲自制造失败的人。

与之相反，如果一个备受打击的人某天突然得到一种暗示："努力一下，你马上就会转运了！"那么他自然会做出改变，一扫之前的颓废状态，努力去接近希望。 这种改变，会给他带来一个较为完美的结局，至少一切都会比身处颓废的状态时要好得多。 这时候，他也会信以为真地认定自己"时来运转"了。

这些人并没有意识到，其实自己的转运或背运，与占卜无关，与上天无关，关键就在于气场的转变。 他从一个消极厌世的人变成了一个激情四射的人，自然就会留意生活中的闪光点，从而变得积极主动，而不是盯着曾经的失败一蹶不振。

由此可见，所谓的占卜、算卦，并没有预测未来的作用，而是通过心理暗示，影响一个人的气场。所以，运势并没有好坏之分，存在的只是个人的态度与行为，不同的心态和举动决定了不同的气场，而不同的气场最终又给人带来了不同的结局。正如皮克·菲尔先生所说的那样："'命运'的本质决定因素，是指人生存环境中与人有直接或间接关系的各种要素相互作用的总和。它们形成了一个场，有着非常合理的运行规律；一个人的气场除了受内心的左右，通常还会取决于周遭这个场的环境，它会使人形成一个常态气场。"

需要明白的是，尽管气场可以改变运势，但我们也不要进入另一种迷信，认定气场就是自己的护身符。举一个简单的例子：相信运势的人总会提出这样的问题："我明年的运势如何？在爱情和事业上会不会有大的改变？"他们很关心与运势有关的话题，甚至期待着依靠运势来实现自己的某些理想，譬如找到一个美女做女友。可惜，越是抱有这种幻想的人，往往到最后就会越失望。因为，当一个人所处的环境发生了改变，那么周围的诸多因素都会随之改变，心态也会再次发生变化，这就是气场间的相互影响。也许，他拥有了一个漂亮的女朋友，但是会因为内心不断膨胀的欲望产生再找一个更漂亮的女友的想法。这样的人，到头来依旧会将希望寄托于占卜、算卦之上，急切期盼着"上天再一次眷顾自己"。

气场与运势是相对运动的，并非想象中的恒久不变。有人觉得自己能够有所选择，随时可做出最佳的选择，甚至认定自己有了完美的气场，就可以实现"野心"。事实上，这是一种认识上的误区。我们能够选择的不过是自己的本质，性格是内心气场的外在表现形式。只有确立了一个正确的目标，不屈服于消极的、悲观的暗示，将内心本质与外在行为有机地结合在一起，才能够形成一股强大的、积极的气场，从而把握住自己的命运，实现更好的发展。

要记得，运道是由气场决定的。 积极的气场，自然会为你带来好运。 所以，放弃那些占卜、算卦所带来的不良心理暗示吧！

你的气场决定你的命运

简·罗伯茨和罗伯特·布茨的著作《赛斯如是说》中有这样一句话："你创造你的现实。"一次偶然的机会，杰瑞·希克斯读到了它，从这一刻起，他相信心想事成并不是不可能的，在人和宇宙之间是有一种神秘的吸引力的；也是从这一刻起，他开始锻炼自己，不断提升自己的吸引力；从这一刻起，他开始运用这种神秘的吸引力，为自己的幸福不断努力。杰瑞成功了，他不再是收入普通的职员，而是令人羡慕的百万富翁，单单一年的纳税额就已经超过了运用吸引力之前的所有收入；他还拥有了完美的爱情，妻子成为他事业成功的有力后盾；他还拥有了健康的身体，整年不生什么病……

杰瑞·希克斯相信人是可以心想事成的，正是这样的信念让他开始改变。 那么，这种可以让人心想事成的吸引力究竟又是怎么回事呢？ 佛家常说：有果必有因！ 让人心想事成的吸引力同样如此。 这其中的奥秘就在于"气场"二字。

什么是气场呢？ 人们虽然没有什么特异功能，但是依旧可以感受到周围人的快乐或者悲伤，这就是一种气场。它是一股力量，能将其他的人从你身边推开，也能将他人吸引到你的附近；它是一束耀眼的光，让你在人群中脱颖而出，崇拜你、仰慕你；它是一种吸引力，让你"心想事成"，帮助你实现自己的梦想……

每个人的身上都传递着一种气场，决定着人们是否能把想法变成现实。不同人之间的气场有强有弱，强大的气场就可以让你心想事成，弱小的气场到头来是一无所获。在让自己的想法变成现实的过程中，你相信自己可以心想事成的程度决定了气场的强弱。

一位穷苦的牧羊人领着两个年幼的儿子，给别人放羊是他们生存的手段。一天，他们赶着羊来到一个山坡上，这时，一群大雁鸣叫着从他们的头顶飞过，很快就飞得高远看不见了。牧羊人的小儿子问他的父亲："大雁要往哪里飞？""它们要去一个温暖的地方，在那里建造一个新家，度过寒冷的冬天。"父亲对孩子说。他的大儿子眨着眼睛羡慕地说："要是我们也能像大雁那样飞起来就好了。"小儿子也对父亲说："我要是也会飞该多好呀！"牧羊人沉默了一下，然后对两个儿子说："只要你们想，你们就是会飞的大雁。"儿子们牢牢记住了父亲的话，等到长大以后果然飞起来了——他们是发明了第一架飞机的美国莱特兄弟。

之所以是莱特兄弟发明了飞机，就是因为他们相信自己可以心想事成。只要你将自己的想法传递给气场，强大的气场会给你实现梦想的力量，无论是飞翔，还是获取梦寐以求的成功。

气场不仅影响着人们是否能够心想事成，还与人们在他人心中的存在感有关。也许现在的你时不时地会羡慕身边那些"明星"人物，他们是老板眼前的大红人，同事的佩服、下属的爱戴、客户的满意程度，无论哪个方面都让你自愧不如。你觉得这些人可以轻而易举地成功，即使不承认心中的嫉妒，你还是非常羡慕他们。

你或许一直在疑惑：他们能成功，自己为什么不行呢？答案就是——你的气场。时时处处都存在着气场，如果你想要成功，无论是拥有心想事成的能力，还是成为人们眼中的"明星"，你必须时刻注意自己的气场。记住，你的气场决定你的命运！

一股不可思议的力量

每一个人，似乎都有过这样的经历：有时你无比渴望某件事在下一刻发生，结果奇迹骤然出现，让你幸福得乱了手脚。你可能会觉得，真的是想要什么就来什么，太玄妙了！难道，真的是上帝将头转向了自己？

其实，这股神奇力量的源头正是你的气场。你可以说，气场是一种磁场，或是带有魔法的能力，甚至是具有神秘能力的魔咒。总之，气场的确是某种渴望，当你内心坚定了这种渴望的时候，就会变得异常强大，无论做什么事都只奔着一个目标——内心的愿望。结果，你期待的成功就真的会朝你走来。

这当然不是什么法术，与传说中的旁门左道并无丝毫瓜葛。倘若你了解著名的吸引力法则，就会发现气场与之有着异曲同工之妙："你生活中的所有事物都是你吸引过来的！是你大脑的思维波动所吸引过来的！所以，你将会拥有你心里想得最多的事物，你的生活，也将变成你心里最经常想象的样子。 这就是吸引力法则！"正如电影《倒霉爱神》，男女主人公就为我们上演了这样的一幕：

> 杰克是一个倒霉的人，无论做什么，都没有好结果。医院、警察局、中毒急救中心，这是他经常光顾的地方。新买的裤子看上去非常结实，可一穿就断线；工作上他更没有女主人公艾什莉那么幸运，他不过是一家保龄球馆的厕所清洁员，几乎是社会的最底层。
>
> 与之相反，女主人公艾什莉却幸运得让人嫉妒，就如上帝的女儿一般，独享世间所有的好运。随便买一张彩票就能够中头奖；在繁忙的纽约街头想要搭计程车，很快就有好几辆车向她驶来；毕业后不费周折就在一家知名的公司做了项目经理。"一帆风顺"这个词仿佛就是为她量身打造一般。

这部电影的反响极佳，票房节节攀升。 观影者在对各种滑稽的片段咧开嘴角时，也不由发出了这样一种感慨：同样是人，怎么差别这么大？ 有人就是永远幸运，有人就是永远倒霉，这就是上帝创造的世界？

倘若你也有这样的想法，那么你就误解了电影制作方的初衷。对于艾什莉来说，她能够心想事成和运气无关，靠的就是自己的气场。 每一天，艾什莉都有对好运气的渴望，她所做的一切都在朝着好运的方向努力，积极的生活态度，自然给她带来惬意美好的生活，好运自然不请自来。

但反观杰克，他从来都是对生活不抱希望的那类人。 潜意识里，他总是这么提醒自己："霉运就要到来了！"于是，正如他所想的那样，倒霉的事真的接二连三地来了。在消极的气场作用下，霉运甩都甩不掉。因此，他自然就像一块倒霉的磁铁，将各种霉运"吸"到身边。

的确，每个人的一生都如这部电影一般，好坏得失全看自己的气场。气场就是一块磁铁，吸引着与自己思想相和谐的人、状态及外在环境。你的意识里想的是什么，它就会在你的生活中表现出来。你选择了什么样的思考方式，就会得到什么样的结局。

不要对此抱有怀疑，这正是人生的真谛。因为，思想决定着人的状态，让人在心底做出一个决定，用这个决定指引着自己最初的愿望，在你开始行动之前，就已经形成了这样的气场。认定自己失败，那么成功自然与你绝缘；有信心得到理想的工作，那么即使偶遇波折，你也会到达成功的彼岸。

仔细地回想一番，生活不就是如此吗？当你意识到这股神奇的力量究竟从何而来，你就要去调整心态，改变气场，从而驾驭自己的人生。气场，决定了你的境遇！气场，决定了好运是否到来！气场，决定了未来的路是否平坦！

当然你要记得，气场的神奇力量并非上天所赐，它是你的一部分，正藏在你的心底。能够将其引爆，那么人生就会充满魔力。所以从这一刻开始，你不妨试着这样做：知道自己喜欢什么，不喜欢什么，清楚地了解自己想要的东西；重视你的愿望，将所有的注意力和能量都聚集到这个点上。

当你学会这种改变后，你就会发现：憧憬不再是幻想，而是看得见、摸得到的身边物。让自己拥有期待吧，每个人都有这样的能力和机会成为幸运的、惹人注目的焦点人物，因为我们具备这样的潜质。气场引发奇迹，奇迹改变生活，你所期望的，不正是这些吗？

气场拥有改变命运的力量

气场拥有改变命运的力量，因为它自身就是一种能量，那是源于你身体和灵魂的一种能量。这种能量与其他能量共鸣、抵消，产生各种力量，影响着你的生活，为你成功和幸福加上重重的砝码。

1.气场拥有吸引力

当艾萨克·牛顿最早提出"万有引力"的概念时，人们才知道有一种看不见、摸不着却无处不在的能量，牵引着宇宙万物有规律地运转。正是因为它的作用，地球才能有规律地进行公转，太阳系也才能围绕银河中心不停地运动；整个宇宙中，数以亿计的星球，小到星球上的每一粒沙尘，才能各安其位地和谐共处。这样一种力引导着宇宙中的每一样事物，也对人们的生活产生影响，这种力就是气场拥有的重要力量——吸引力。

但是必须明白，气场拥有的绝不仅仅是吸引力，吸引力只是气场拥有的强大力量的一部分。但是这一部分就足以改变人的命运。历史上无数伟大人物都曾经因为这一力量聚集到一起，组成光芒万丈的星群，在历史的天空中聚集爆发。人们经常会惊讶地发现，在长期的平静之后，历史会突然爆发出无比强大的力量，发生翻天覆地的变化。最典型的当属中世纪的文艺复兴，以"文艺复兴三杰"米开朗琪罗、达·芬奇、拉斐尔为代表的"巨人"们，驱散中世纪的黑暗，用自己的火把照亮了历史的天空。在普通人的生活中，与某个人、某件事、某个场所的相遇，其中起作用的都是气场的吸引力，而这种相遇所产生的命运涟漪，就足够让人们拥有截然不同的人生。如果说气场是天生拥有的，是可能将命运彻底改变的一串万能钥匙，那其中一把重要的钥匙就是吸引力，它依靠的是意志和天赋的作用。

　　"井深大君，请接受我最诚挚的谢意，感谢你给了我如此愉快的一生！我从心底感激你！"这句话出自索尼老总盛田昭夫对合作伙伴井深大的悼念会上。这两个共同开创伟大事业的男人有一种志同道合的默契。孩子般天真与纯粹的井深大极为专一，对任何事都不做出妥协和让步，任何不在自己关注焦点范围内的事情都不予理会。他在技术上固执己见，性情古怪，在公司经营管理上则依赖盛田昭夫，到了后来，对技术力不从心了，他宁愿去专心写书，也不干涉盛田昭夫的经营。在公司的重大决策和方向性问题上，井深大都是坚决支持盛田昭夫的决定。而盛田昭夫则更多地以井深大为精神上的支柱和依归。当盛田昭夫有什么想法和意见时，首先要和井深大交流，得到井深大的验证和认可，是他面对外部世界的力量来源。

　　当然，性格迥异，分管技术和营销的两个人，并不是时时刻刻都能保持一致的。井深大与盛田昭夫关系的不和谐第一次也是最后一次暴露出来，是在研制"单枪三束彩色显像管"的时候。彩色显像管是索尼最具有价值的产品，然而，它的诞生却不是一帆风顺的。在长达 7 年的研究开发中，索尼公司承受着巨大的经济压力。盛田昭夫迫切要求减少亏损，而井深大对技术研发之外的问题依旧一如既往地漠不关心，坚持技术研究的需要丝毫不让步。井深大与盛田昭夫之间的紧张状态，让公司的每个人都很不安。如果充耳不闻巨额亏损的人不是井深大，而是自己的父亲或兄弟，盛田昭夫肯定会果断叫停，但是他心中对井深大的信任和尊重占了上风，因此他动用各类社会关系筹措了索尼的第一笔二百万美元的开发贷款。

井深大在情感上也对盛田昭夫颇为倚重，技术上有任何的进步都会首先和他分享。当第一批彩色显像管从装配线上下来时，井深大对研究组深深鞠了一躬。井深大晚年回忆自己的一生时认为，在索尼最让他引以为傲的事情，就是"单枪三束彩色显像管"的诞生。井深大不只为自己的团队创造出的东西而骄傲，更感动于危急关头盛田昭夫的信赖与激励。

如果井深大与盛田昭夫在某一件事情的看法上存在严重分歧，他们会通过私底下的协商解决，公司里从没有一个人听到过他们批评对方。凡是和他们一起工作过的人，都不会不注意到他们之间的默契。这种默契以一种神奇的方式将他们连接在一起，甚至各自的妻子都不能介入其中。

1992年，井深大与盛田昭夫先后中风，两人再也不能进行更多的交流，但依然用简单的话语和手势相互鼓励。当晚年盛田昭夫定居在夏威夷时，井深大对着电话大声喊："盛田昭夫！盛田昭夫！坚持住！"盛田昭夫夫人每次回日本第一个落脚点并不是自己的家，而是直接去井深大家中。1997年，井深大去世，终年89岁。盛田昭夫悲痛欲绝，他的夫人代表他在追悼会上宣读了悼词："井深大君，请接受我对你忠心的谢意，我愉快的一生幸而有你！我从心底感激你！"

井深大与盛田昭夫的合作佳话，就是在企业的运作中气场的吸引力，当两种气场相遇时，它们发生了剧烈的化学反应，巨大的能量风暴让两个小气场结合为一个紧密的中型气场，由此产生的能量远超过一个大气场的能量。

2. 气场拥有感召力

感召力，就是一个人所展现的个人魅力，在希腊语中的意思是"神的魅力"。 这个词最早是由恩斯特·特勒尔奇提出的，后来马克思也采纳了这一说法，意思是指一种不依靠物质刺激或强迫，而是依靠人格和信仰的力量产生的鼓舞能力。 感召力是最为依赖个体生理、心理素质的一种力量，这也就决定了气场具有个人性的显著特点。 奥巴马和乔布斯的气场绝不相同，因此他们二人的感召力也有很大差异，相似之处在于对其他气场的影响力度。 因此，人们可以说，有多少种气场，对应的感召力也就有多少。

当气场发生变化时，感召力的性质也随之变化，它的极端形式就是各个领域的领袖式人物，这些人的气场强度极大，因而也就拥有极强的感召力。 在他们的身上闪烁着耀眼的光芒，有一种神圣的、鼓舞人心的、能预见未来、能改变世界、创造奇迹的气质和能量。 美国心理学家昂格和康南将魅力视为一种归因现象，感召力强的领导者身上具有与众不同的气场，不仅他们的气场能量强于别人，并且他们的气场能量起作用的方式也和常人大不相同。 这些人气场的独特性质决定了他们往往具有远见卓识，自我牺牲精神强，有高度的个人冒险倾向，通常使用的策略都非同寻常，有准确的形势估计能力，对自己非常有信心，善于使用个人物质权力等。

这类人物的典型代表当属苹果公司创始人乔布斯。他拥有足够的聪明才智，认清了历史发展潮流，致力于高科技领域的研究，并在 30 岁左右就达到了事业的第一次高峰。他的标签是永远的黑色套头衫配牛仔裤，追求完美，精益求精，他能把一个产品做到惊天地泣鬼神。乔布斯不仅有着与生俱来的商业敏感，还是跨领域的引领者，在 PC、音乐、电影、手机等多个领域都证明了自己的能力。他的感召力让下属深深地为之折服，《乔布斯的秘密日记》用夸张搞怪的方式记录了很多这样的情景：

我和员工正在开会，会议讨论的主要内容是他提出的关于将下一代 iPod 的长度减少半毫米的提议。我认为，如果减少半毫米，后续设计恐怕无法进行，因此我建议减少 1/4 毫米。像往常一样，对于我的更正意见，拉斯表示非常赞许。

"你知道，"他说，"我在皇家学院也算得上是一等一的水平了，但和您的设计能力相比，我就差得太远了。真的是这样。"

然后，我们又研究了几个 iPhone 的 FPP（仿造产品原型）。这几个仿造产品只会在公司内部流传，并提供给我们的一些供货商，达到以假乱真的目的，使他们难以猜出实际产品究竟会是什么样子。即便是仿造产品，我们仿造的标准也是最高的。因此，我会声色俱厉地对拉斯说："这做得简直糟透了！"

他只是耸了耸肩，无奈地从嘴边挤出一丝苦笑，似乎在向我说：史蒂夫，我可从未见过你这样刻薄的老板。但我只能无法自拔地为你折服，因为只有你才能激发出我真正的水平。但是，不管怎么说，如果哪天我看到你孤身一人躺在床上睡着了，我绝对会毫不留情地下手捅了你。

如此强势，但又让人无可救药地爱戴他，难怪很多人将乔布斯称为"乔帮主"或者"乔教主"。每当他穿着牛仔裤在苹果公司新产品发布会上侃侃而谈时，多少专业人士为之着迷，而那些观看网络直播的苹果迷们对他的崇拜更是溢于言表。这不能不说是乔布斯气场感召力的最好证明。

感召力同时还是一种魅力，它是源自内心深处自然表现的气质，体现了一个人的综合素养指数。普通人可能不能像乔布斯那样时刻在众人的关注之下，但是如果恰当地调整自己的气场，那么每个人都能散发出只属于自己的独特魅力。这种气场能力让你能够在生活中悠然自得，赢得艳羡的目光。对于女人来说，身体是表现魅力的载体，身体连接着灵魂，身心结合的女人才会散发出恒久的风情和韵味。对于男人来说，你不一定要有像莱昂纳多的帅气外形，像比尔·盖茨一样富有，只要你能发掘自己独一无二的气场，你就是独一无二的，拥有自己独特的个性而展现出不凡的魅力。

3.气场拥有说服力

如果说感召力是气场能量的波形传导的话，那么气场能量的定向出击就是说服力。人们对说服的定义如下：说服是一个人或一个团体巧妙地运用各种有可能的说服手段（媒介），直接地作用于人的视觉、听觉、嗅觉、触觉、味觉这五觉系统，进而间接地作用于人的潜意识与意识（也就是人们常说的心和脑），进而影响人的心态、思维和意志，甚至进一步主导人的意志及改变人类行为的一个目的性很强的活动过程。定义虽然很长，但用大白话说就是让别人听你的指挥！让一个和你拥有不同气场、产生不同能量的人听你的！不得不说这种成绩是伟大的。

古往今来，许多人士的成功就是因为他们独有的说服力。有这样一种说法：95％的世界财富掌握在5％的人手中。 人们不妨通过假设来做一个实验，把这95％的世界财富平均分配给全球每一个人，预计不出5年，这些财富又将重新回到这5％的人手中。 怎么会这样呢？ 因为这5％的人具有常人无法企及的超强说服力！

为什么那些有说服力的人身上总是会有奇迹发生，因为他们不仅拥有强大的气场，而且懂得将强大的气场能量以最高效的方式利用起来——这就是说服力。 如果甲有100块钱，他投资到10个领域，而乙有1000块钱，并将其投在同一个领域，那么谁更有效率、谁更能成功难道不是不言自明的吗？ 也许你觉得投入到多个领域能有效地规避风险，但是那些成功者从来不曾害怕风险，因为他们比任何人都清楚，风险与利益并存。 极端地说，那些白手起家缔造财富帝国的人，无一例外都是顶尖的说服者！ 那些出身低微的领导者，无一例外也都是顶尖的说服者！ 那些各行各业拥有高收入的人，同样具有超强的说服力！ 为什么说服力如此重要，因为人的气场最集中的表现形式就是说服力，相比吸引力、感召力而言，说服力更积极主动，并且人能够主动控制它。 说服力最杰出的例子就是世界上最伟大的推销员乔·吉拉德。

乔·吉拉德是美国底特律一个贫苦人家的孩子。9岁的乔·吉拉德开始给人擦鞋送报，赚钱补贴家用。他16岁就离开学校，成为一名锅炉工。后来他成为一位建筑师，一盖就是13年。35岁以前的乔·吉拉德并没有什么值得炫耀的成功。他患有相当严重的口吃，换过40个工作仍一事无成，迫于生计还干过小偷的营生，开过赌场。35岁那年，乔·吉拉德破产了，负债高达6万美元。为了继续生存，他不得不走进了一家汽车经销店。后来，乔·吉拉德以年销售1425辆汽车的成绩，至今仍保持着由他书写的吉尼斯世界纪录。乔·吉拉德第三年卖出 343 辆车，第四年就翻了一番，卖出 614 辆车。从此他的业绩高居不下，连续 12 年成为美国通用汽车零售销售员第一名，在世界汽车销售领域享有盛名。乔·吉拉德在 15 年的汽车推销生涯中总共卖出了 13001 辆汽车，平均每天销售 6 辆，并且全是一对一的个人销售。

乔·吉拉德能取得这么大成功的原因，就在于他拥有别的推销员难以企及的说服力。20 世纪 60 年代的底特律汽车销售市场在全世界都是竞争最激烈的。凭着不想再过苦日子的决心与毅力，乔·吉拉德自创许多"土法炼钢"的行销做法，不断磨炼自己的说服力，披荆斩棘，开辟出了新的道路。

乔·吉拉德首先立足自身条件开始锻炼说服力，结果那些别人眼中的不利因素反而成了他前进的阶梯。他自己有口吃的毛病，说话的语速非常慢，这反倒让他比谁都更注意聆听客户的需求与问题。刚刚进入汽车行业的乔·吉拉德没有任何的人缘、后台，一开始只能靠着一部电话、一支笔，和顺手撕下来的 4 页电话簿作为客户名单拓展客源。电话打出去只要有人接听，他就记录下对方的职业、嗜好、买车需求等生活细节，即使处处碰壁，但多少还是有些收获的。有一次客户不想和他说了，就用半年后才买车来搪塞他，半年后，乔·吉拉德便提前打电话给这位客户。他掌握客户未来需求、紧迫盯人的黏人功夫，也是他成功的一大要诀。

乔·吉拉德对工作很有耐性，他紧紧抓住每一个可能的机会。或许客户 5 年后才需要买车，或许客户两年后才需要送车给大学毕业的小孩当礼物，没关系，不管客户说是多少年之后才买车，乔都会打电话追踪客户，每月都给客户寄去自己精心设计的花样迭出的，印有"I Like You!"的卡片，最高的时候每月寄出的卡片数量达16000封之多。"我的名字'乔·吉拉德'一年出现在你家12次！当你想要买车时自然就会想到我！"乔·吉拉德展示着过去所寄出的卡片样本。这样的执着精神令人赞叹。

乔·吉拉德还特别把名片印成橄榄绿，这样就会令人联想到一张张美钞。每天一睁开眼，他见到的人都会收到他发的名片，每见一次面就发一张，一定要说服对方收下。乔·吉拉德解释，销售员一定要让全世界的人都知道"你在卖什么"，并且还要不断地强化，让这些人一想到买车，自然就会想到"乔·吉拉德"。

乔·吉拉德还有一个特别的习惯，公共场合下，他喜欢撒名片，例如在热门球赛观众席上，他便整袋整袋地撒出名片，他耸耸肩表示："我承认这个举动很怪异，但就是因为怪异，人们才会记得。撒出的名片只要有一张在想买车的人那里，我赚到的佣金就超过这些名片的成本了！"

直到现在，乔·吉拉德广发名片的习惯依然保持着，他说虽然已经不卖车，却还是在卖书、卖自己的人生与行销经验，不放过任何一个让自己演讲或者曝光的机会。因此，到餐厅用完餐，他总是在账单里夹上三四张名片及丰厚的小费；经过公共电话旁，也要在话机上塞入自己的名片，永远不放弃任何一个机会。

4.气场拥有影响力

除了吸引力、感召力、说服力之外，影响力也是气场所拥有的另一种力量。影响力的重要性一点也不逊色于前三种力。在当今的世界上，"眼球经济"成为一种新的经济形式，无论是"要出门，必雷人"的天后Lady Gaga，还是驾驶战斗机的特工总统普京，他们身上具备的影响力都不可小觑，为他们带来无数人气的同时，还有个人想要的金钱及选票。以普京为例，论长相普京绝不是那种让人过目难忘的美男子，他的身材也不是高大威武型，身高约为1.7米，但他却具有一种独特的魅力。根据俄罗斯一项民意调查显示，普京以绝对优势当选为女性眼中世界最有魅力的男士。普京之所以备受女士青睐，还有一个不可忽视的原因，他总是保持一种容光焕发、精力充沛、阳刚之气十足的形象。人们看到的普京时而赤膊垂钓，时而驾着摩托车飞驰，时而入潜水艇下湖（贝加尔湖）潜海（俄罗斯近海），时而驾飞机翱翔蓝天。这种巨大的影响力也让普京保持着较高的支持率。

影响力是气场能量对外界的释放。一颗石子打破平静的湖面，必然会激起阵阵涟漪。这种力量任何人都不能忽视，那么不同的人运用不同的影响力来赢得利益也就不足为奇了。商人运用影响力来推销他们的产品，推销员则用这种影响力推销着自己的商品。气场无处不在，时时刻刻都发挥着作用，它拥有的影响力同样如此。其实不仅仅在职场上，更广泛的影响力是存在于生活中的，在不知不觉中你身边的人，把影响力用到你的身上——通过他们的气场。影响力为什么会有这样的魔力呢？同一个要求，只要用不同的方式提出来时，原本的抵触可能就会变成欣然接受。这一切都是通过改变你的气场实现的，当你的气场和对方调成同一波段，当你的气场和对方和谐共鸣，对方自然会被你的影响力所折服。

心理学家罗伯特·西奥迪尼这样说："有的人能轻而易举地找到影响力的武器，而且经常熟练地使用这些武器来满足自己的愿望。 他们行走社会到处闯荡，恨不得让每一个人都按照他们的意愿来行动，并且他们的这种愿望还总是能实现。 其实，他们成功的秘密就在于他们知道怎样提出请求，更知道如何运用这些影响力武器来为自己服务。 而运用这些武器并不难，有时只需要选对一个合适的词语，你的目标就能实现。 但是这个词汇还需要应用一定的心理学原理，并且能够将'自动播放的磁带'放入人们的体内。 相信人们很快就会知道，如何从他人的反应中获取自己需要的有效成分。"

在发挥气场作用、运用影响力方面，最杰出的代表应该是艾伦·格林斯潘。这个美国犹太人，曾连任五届美国联邦储备局主席，在位时间长达十八年零六个月之久。1987 年，他临危受命，上台伊始就化解了美国的一次经济危机；此后，格林斯潘的行政措施让美国顺利度过了多次经济危机，使得美国经济从 1991 年至 2001 年 10 年间高度繁荣。格林斯潘被认为是美国国家经济政策的权威和决定性人物，媒体更盛赞他是"经济学中的经济学家"。

在美国金融界甚至有这么一说：只要格林斯潘一声咳嗽，全世界都得下雨。由此可见格林斯潘在美国金融界，乃至对世界经济都有巨大的影响。因此，他的一言一行、一举一动都格外引人注目。他的每一次谈话都会成为华尔街从业者们研究的对象，这些人企图从他的用词和语法中捕捉到哪怕一点蛛丝马迹，但是往往没有收获。精明的投资者们甚至还"发现"了一个"秘密"：格林斯潘的公文包如果是瘪的，那就说明一切正常；如果鼓鼓囊囊的，那可就大有文章了，这说明格林斯潘要发表意见了。因此，每当美联储开会时，相信这一说法的美国 CNBC 电视台就会派出两个摄制组守在门外，一个摄制组负责记录格林斯潘的言行，另一组摄制的焦点就是他的公文包。

正是格林斯潘如此大的影响力，才显出他对自身影响力的控制到达了何种境界。他有一句名言："如果你们自认为准确地理解了我所说的话，那么，你们肯定是对我的讲话产生了误解。"这句话让多少人绞尽脑汁也不明白。他自己也承认："我花了不少时间努力回避问题，可是我也担心自己讲话时表达过于直白。最后，我终于学会了'美联储语言'，学会了含糊其词。"诺贝尔经济学奖获得者罗伯特·索洛对以格林斯潘为代表的美联储主席的评价是：他们就像乌贼鱼，喷出一团墨水后就溜之大吉，让听者抓耳挠腮，根本不知道他们想说什么。拥有影响力，谨慎地使用它——格林斯潘的成功与伟大就在于此。

5. 气场让你赢得非凡的成功

奥巴马竞选总统时在民主党内选举中选票过半后，民主党自由派人士马上将希望寄托在他身上。美国已故总统肯尼迪的女儿卡罗琳在《纽约时报》公开发表文章表示对奥巴马的支持，美国另一大报《芝加哥论坛报》也刊发社论对奥巴马表示支持。

当时的卡罗琳在纽约公立学校从事教育工作，有 3 个青少年子女，她希望奥巴马带给美国人的启发能帮助美国的新一代对生活抱有希望。同时她还认为奥巴马的竞选是有尊严的、是诚实的。卡罗琳在《纽约时报》发表的支持奥巴马的文章中明确表示，基于"爱国、政治考虑及个人的因素"，她支持一位可以成为"和她父亲一样的总统"。她认为奥巴马能改变美国传统的领导风格，就像20世纪60年代一样。

跟政坛老手麦凯恩和前第一夫人希拉里比起来，奥巴马无疑是政坛新人。他在2004年11月首次当选伊利诺伊州联邦参议员，在参议院都还没有完全站稳脚跟时，就宣布要问鼎白宫，他的胆量让人佩服，但这种做法也招人嘲笑，竟敢与政治经验和资源都比他丰富的希拉里、爱德华兹等人，共同竞选总统。但是，奥巴马做到了，他一路过关斩将，历时21个月的竞选，奥巴马终于完成了"不大可能达成的任务"，昂然步入白宫，在成为美国第一位非洲裔总统的同时，也为众人树立了全新的美国梦。到底奥巴马是如何一步一脚印，走向白宫大门的？

个人形象。奥巴马长得帅气、高大而健康，他坚持体育锻炼、健身，健美的身材是他的王牌，同时也因此能吸引无数女性。他每天忙于政务，面对世界每天变化不断的信息，他是如何及时处理的？在他手下的工作人员就有几千名，他要管理美国，还要负责处理世界事务，每天都忙得不可开交。可这样一位忙人，还可以打造如此健美的身材，根本无法不吸引国内的公民。国人关注的眼神从来没有离开过这位新晋总统。

他的笑容有十足的魅力，有他的地方总是人气爆棚；他是一个具有明星气质的总统，时而成熟，时而稳重，时而俏皮，时而幽默，时而庄重，奥巴马展示着真实的自己，他的一举一动都能吸引世界的目光。有一张成熟的笑脸是年轻的体现，更是对自己充满信心的外在流露，过于严肃反而是一种累赘。

林肯总统曾经说，男人40岁之后就应该为自己的形象负责，你踏入职场之后更要注意自己的职场形象。

勤奋进取。他的上进也是吸引人的一大招牌，能当上美国总统，也等于完成了世界上最有难度的事情。这样一个万人瞩目的职位，可不是轻易能登上的，他出身极其贫困，父母离异，跟随外祖父母生活，在生活贫困的岁月里，当上总统是他一直以来的梦想。他努力学习，考入了世界一流的哈佛大学，就读世界上最难学的专业——哈佛大学法律专业，毕业后当了一名律师。作为一名黑人，他冲破世界上最大的歧视，成为政界最闪耀的明星，最后实现了自己的总统梦想。

个人魅力。能完成史上最艰难的任务，奥巴马的个人魅力不容忽视。奥巴马是个天才演说家，媒体经常将他的演讲，与同样能够用言语来激励人心的前总统里根和肯尼迪相提并论。

从党内初选到正式成为民主党总统候选人之后，在与奥巴马竞争的人当中，没有一个人具备与他匹敌的演说才华。这难得的才华，为他成功拉选票加分不少。

纵观整场选战，每当奥巴马发表演说时，总有上万人欣然前去。一些分析人士指出，当美国经济不景气并持续走低的时候，拥有一个能说会道、能够发表激励人心演说的总统，的确能振奋人心、鼓舞士气。

当你在职场打拼时，不要忘记随时用自己的积极气场影响同事，面对你积极的气场，你的同事也会给予你积极的回应，那么你们所组成的团队也会是积极向上、气场强大的。

竞选团队强。奥巴马的领导才能及其竞选团队的卓越组织能力，为他最大限度地争取选票提供了保障。

奥巴马的对手们在选战中，多次指出奥巴马本人政治经验浅薄，指责他没有能力领导国家。可是，他却能够吸引到一群杰出人士，漂漂亮亮地赢得了选战。若不是他能够任人唯贤，把适当的人放在适当的位置，以及具备凝聚人心的力量，让大家在关键时刻为同一目标而奋战的话，是很难赢得选票的。

在奥巴马的领导下，其竞选团队从初选开始，所展示的卓越的组织能力就令人佩服。他们在每一个城镇都成立了庞大的志愿团队，志愿团队的主要工作就是在基层争取合格选民为奥巴马投票。结果许多从不投票的非洲裔、拉丁美洲裔以及年轻选民，都前去为奥巴马投票，而事实也证明，这些选民的支持，成了奥巴马竞选成功的关键性因素。

东方一位哲人曾经说过一句箴言："如果你天生就讨别人喜欢，那么我们祝贺你，你拥有天底下最值得拥有的德行。"在职场上，如果你的气场能吸引优秀的人士聚集在你身边，那么你在职场取得成功就指日可待并且可能事半功倍。

善用新媒体。优秀的领袖也必须能够洞察时局，在新时代找出契合时局的政策。奥巴马胜出的另一因素就是能够顺应时代的变迁，认识到互联网在当代的巨大作用，并善用互联网来为自己拉选票和筹集竞选经费。

试想想，在克林顿当选总统时，全球的互联网站也只有数百个；而布什于 2001 年 1 月入主白宫时，博客网站更是凤毛麟角，YouTube 也不存在。但是奥巴马却善用互联网来筹措竞选经费、寻找可能支持他的选民、在微博上对那些不符合实际的谣言予以驳斥，以及通过 YouTube 把他的竞选讯息告知给更多的年轻人。

利用互联网筹措经费可以说取得了巨大的成功，这一方式让奥巴马累积了 6 亿美元的庞大弹药，可以在一些摇摆州，甚至是向来属于共和党阵营的州发动宣传攻势。而他的一个竞争对手麦凯恩只接受联邦竞选经费，只能把有限的金钱，用在胜算比较大的个别州区。

分析人士指出，奥巴马的成功，让国人重新审视美国的竞选规则，日后政治人物参加竞选时，新媒体的力量绝对不能忽视。

把握时机。所谓时势造英雄，如果只凭借个人的努力，没有好的运气，恐怕也没有办法入主白宫。奥巴马能够当选，布什总统的不受欢迎以及金融危机的爆发，无形之中也是一个助推器。

主政 8 年的布什因为伊拉克战争和治理经济不佳，民众支持率一度跌至历史最低。聪明的奥巴马看准这点，竞选之初就明确表态，打出了"变革"的口号，结果成功掳获了不少支持者。

在与麦凯恩对垒时，奥巴马又不断提醒选民，麦凯恩与布什系同一党派，麦凯恩当选后将延续布什的政策。事实证明，奥巴马的策略颇有成效，因为选民都怕了布什，而希望看到新人新气象。

弗吉尼亚大学政治系教授萨巴托接受路透社访问时指

出，无论民主党的竞选者是谁，都"注定"当选总统，因为美国经济陷入困境和伊拉克战争，都注定当年一定是民主党当政。如果民主党派出的是白人候选人，那么民主党胜出基本就在预料之中，但他们最终推举的是个父亲是非洲黑人、母亲是白人的奥巴马。奥巴马的黑色皮肤非常敏感，让许多对黑人存有歧见的白人，甚至是拉丁美洲裔选民都一直采取观望态度，然而突如其来的纽约金融风暴，却改变了大多数人的看法。

尽管奥巴马和麦凯恩一样，都不是学经济出身，但美国银行业陷入危机后，奥巴马冷静、沉着的应对态度，映照麦凯恩的慌乱无措，胜负自然不用言说。关心经济问题的广大选民，这才终于认定奥巴马是带领他们走出经济危机的最佳人选，他们也决定摒弃种族歧视，从大局考虑。

11月4日的投票日，选民以压倒性的支持，让奥巴马入主白宫。

奥巴马的个人魅力和本书的主题——气场，有直接或间接的关系吗？ 不仅有关系，而且有很大的关系。 个人魅力，是一个个小气场的集合体；时势，是外部大环境组成的大气场。 那么起决定作用的是个人魅力？ 时势？ 不，一切归根究底都是气场，这一切都是由气场决定的。 像奥巴马一样从一个默默无闻的毛头小子成为美国的总统，像丘吉尔一样在演讲台上散发光彩，或者你只想有个健康的身体，有个幸福美满的家庭，实现自己的职业抱负。 那么你不能不了解气场，不能不运用气场来实现自己的人生理想。

第三章

换一种气场，人生可以更精彩

气场的改变由思想决定

人的行动、人的遭遇、人的命运都是一个人内在的精神力量，也就是气场活动起来的结果。 思想就是精神的活动，而思想具备创造力。 现代人的思想和过去不同，当今时代每天都在创造着新事物，世界正在把最丰厚的奖赏赐给那些善于思考的人。

物质没有任何力量，它是被动的，没有任何的生命力，而思想不同，思想并不像魔法师一样可以随意改变物质的形态，它必须要遵循一定的自然规律。 它必须先让自然的力量动起来，将自然的能量释放出来；它必须在你所有的行为中表现出来，然后在你的朋友和熟人中发生作用，进而对你的气场产生影响。

你能够思考产生思想，而思想可以创造，因此你可以通过自身努力创造出你想要的东西。

今日的自我是昔日的自己思考的结果，明日的自己就会成为今日你所思考的自己。 这就是气场作用于人们的结果，它送给人们的不是人们喜欢的、想要的东西，就是自己本身。 所有的潜意识和显意识的思维过程就是塑造人们自己的过程，同时在这个过程中也创造着自己的气场。 不幸的是，人们并不总是主动地创造自己。

任何一个人如果想为自己建造一所房子，从图纸设计到规划建筑他都会小心谨慎，仔细地关注每一个细节，都选用最好的材料；然而，当人们建造自己的精神家园时却又是何等的漫不经心啊！ 要知道，物质上的房子远远比不上精神家园的意义，因为人们用以建造精神家园的材料就决定着你未来的生活状态。

什么才是建造精神家园的材料呢？它是人们在以前的生活中积累并储存在潜意识、显意识里的所有的东西，如果这些东西是负面、消极的，让你烦躁不安、焦虑惆怅的……那么，今日用来建造精神家园的材料就是不健康的。这些不健康的材料毫无意义，而且会使人们的精神腐烂发霉，连带你的气场都是焦虑、忧愁和烦恼。人们只好永远忙着去修修补补，让它从面上看还过得去。

然而，如果存储起来的都是激发人奋进的思想，是乐观开朗和积极进取的心态，把负面想法扔进垃圾堆，断绝与负面想法的一切关系，拒绝以任何方式与它接触，那结果会怎么样呢？人们的精神材料就是最好的，有了理想的材料，才能挑选出最适合的涂料，人们知道自己精神家园的墙壁牢不可摧，涂料永远都保持着最初的颜色，同时对未来毫无恐惧、焦虑之心，没有什么脏乱的痕迹，也不用时时地修修补补，一切都非常体面。

以上这些关于精神和气场的论述都是事实，并不是异想天开的胡编乱造，也没有任何猜测的成分。事实上，其实这很好理解，这些道理简单到随便谁都能明白。人们所要做的就是清扫精神家园，拒绝与负面思想有任何关联，让自己每天都保持积极向上的气场。无论是在精神上、道德上，还是身体上都时刻保持清洁。

完成了这些必要的清洁工作，人们就可以用剩下的优质材料来建造自己的理想或梦想了。

你所拥有的就是美好的家园，广阔的田野、茂盛的庄稼、奔腾的流水和成荫的绿林，一望无垠，这些东西的主人就是你。有一座豪宅正等着人们成为它的主人，它宽广喜气，里面有难得一见的壁画、丰富的藏书、华贵的帐幔，所有的布置都极尽奢华。你想拥有它，使用它，只需要大胆地提出来就行了，因为你就是他的主人。你必须成为它的主人，因为"好农不废田，好主不荒原"。 想要拥有这一切的条件就是你的希望，使之荒废将视为自动弃权。

在心灵和精神的领域，在你灵魂的气场中，的确有一处这样的家园是属于你的。 你是它合法的主人，只要你愿意提要求，它就属于你，你可以使用这份丰厚的财产。 掌控环境的力量是它的产出之一，你收获的就是健康、安宁与财富。 它赐予你安详与安宁，你所要付出的不过是费些力气去拿；这也不需要你牺牲太多的时间与金钱，你失去的只是你的缺点、软弱和被奴役的状态。 它将为你披上自尊的长袍，而权杖就掌握在自己手中。

改变意识就可以改变气场

人们的精神世界由两种平行的精神行为模式共同支撑，显意识与潜意识，而气场就是由这两种平行的精神行为模式共同决定的。

从前有一个患癔症的女病人安娜，她在长达 6 个星期的时间内，人明明已经饥渴难耐，却不能喝水。医生拿水杯刚触着她的嘴唇，她就一把将其推开。她好像患了怕水病，只好靠吃水果来解渴。经过了好长时间的治疗，医生也还是束手无策，医生注意到安娜在昏睡或神志不清楚的时候嘴里经常喃喃自语地说话，但是当她神志清醒以后，她却不记得自己说了什么。

于是医生对她实施催眠，努力听清楚她说的话，在催眠的状态中安娜说出了自己童年时的一段经历。她走进自己不喜欢的女家庭教师的房间的时候，看到的是教师养的狗正在喝玻璃杯中的水，这让她非常厌恶。很多年过去了，她早已不记得为什么自己如此抵触喝水。但是在催眠的过程中，她终于想起了这件事情，尽情发泄出了她的愤怒情绪。然后她便要求喝水，而且喝起来一点儿也不感到困难。她这不喝水的怪病也就不治而愈了。后来医生隐约觉察到，在病人的内心深处有一种被压抑的、意识不到的精神活动和一种未知的力量。这是她的一种本能。

这位聪明机智的医生就是弗洛伊德，他发现了这种潜在的力量，并且给它起了个名字，叫作潜意识。

现在人们已经知道，90%以上的精神活动都是潜意识，所以对于那些不懂得利用潜意识的精神能量的人来说，他们放弃了生命中很重要的一部分能量。

潜意识的能量具有无限的价值，它激励和警示人们，它从记忆的宝库当中提取出姓名、场景和事件让人们回想起过去，它指导人们的思想，决定人们的品位，帮助人们完成艰巨的任务，而显意识永远都不能完成这些复杂的任务。

只要自己乐意，人们就可以用脚走路或者抬起胳膊，也可以随心所欲地用眼睛去看任何事物，用耳朵去聆听我们想听到的声音。潜意识就像一位好心的陌生人，默默地劳作并满足人们的需求，收获成熟的果实。

潜意识不知疲倦，也不休息，甚至比心脏的跳动和血液的流动还勤奋。只要向潜意识简单地陈述它需要完成的具体任务，实现所要结果的力量，它就马上投入工作状态。

人类是不断向前进步发展的，这是因为世间充满了一种力量，它向善、向上，这种力量表现在每个人身上，就显示为大大小小的气场。显意识和潜意识共同决定的个人的气质，就是个人的气场。

如果一个人的显意识尤其是潜意识，突然之间发生变化，将会产生怎样的后果呢？下面是很久以前发生在太平洋小岛上的一个故事。

在科迪维迪岛上住着一位年轻的女孩赛丽塔。按照当地的风俗，如果年轻小伙子想娶妻，就必须和女方的父亲讨价还价，看用多少头牛能换来妻子。漂亮的妻子值 4 到 6 头牛，通常情况下也能值 3 头牛。

赛丽塔并不是非常漂亮，她腰有点弓，头发凌乱，还穿着破旧的衣衫。女孩的父亲塞缪尔早就打定主意，打算用赛丽塔换 2 头牛，实在不行 1 头牛也可以。

附近有一座岛，住着乔尼·林果，他是这一带最有钱的男子。他长于经商，因此积累了不少财富。在多次造访科迪维迪岛之后，他宣称自己爱上了赛丽塔。但是大家都以为他是在说笑。

乔尼找到女孩的父亲，他的话让女孩的父亲大吃一惊："先生，我愿意娶赛丽塔为妻。我给您 8 头牛。"

这些话很快传遍了整座岛屿，人们简直难以理解，一位精明的商人，怎么傻到用 8 头牛的价钱娶一个只用 1 头牛就能成交的女人？

这件事情赛丽塔当然心知肚明。在此之前，科迪维迪岛人一直把赛丽塔当成"值 1 头牛价钱的女人"，周围人的判断对她的潜意识形成了很大的束缚作用，进而影响到她的自身气场，使她表现出萎缩、自暴自弃的外在形象。

但是，在乔尼的眼中，她的确是"值 8 头牛价钱的女人"，而她之后的表现也恰恰证实了这一点：赛丽塔对自己重新进行了价值定位以后，她变得光彩照人，并成为岛屿上最漂亮的女人。

如果你想让自己的生命更有活力，那你就要时刻告诉自己你很有活力；如果你想让自己更健康，你首先要觉得自己很健康；假如你想拥有幸福的生活，那你必须带着一颗幸福的心去生活。如果你相信活力、幸福和健康都是你自己的，最终它们就会伴随着你，想舍弃都难。

通过改变内在来改变外在

世间万物都可以因人的能力而改变或加以控制，气场也不例外。这种力量隐藏在你的身体里，因此你根本不用盲目地去寻找其他力量，但是，你必须懂得去了解它、运用它、掌握它，使它充满自己的身体，这样你才能获得前进的无穷力量。

如果你的激情热烈地奔腾起来，感悟能力渐渐发展，你对未来的构想也会更加清晰，你会意识到，这个世界绝对不是一堆没有生命的木石，而是有生命的存在体！ 世界是人类跳动的心，它是有生命的，是美丽的。

很显然，要想透彻地理解上面的信息不容易，但是只要你真正地领悟其中的道理，就会看到一个崭新的世界，一种全新的力量，人们的信心和能力将与日俱增，你的气场也会日益强大起来，实现自己的抱负、梦想，生命的意义也更加深刻丰富。

自身没有的能力当然展示不出来，要想拥有能力，就必须理解能力，而理解能力的前提是，能力不来自身体和外界，它就存在于人的心中。

人人都有一个充满思考、感觉和力量的世界，这个无形的世界充满光明、生机勃勃，却拥有强大的能量，这就是你内在的气场。

人的精神统治着内在的世界，发现了这个世界人们就能找到所有问题的答案。 既然是人们自己掌握着自己的内在世界，那么，也同时掌握着获得这些权力与财富的动因。

外在世界是内在世界的影子，外在世界展示的都是在内在世界中出现过的。 内在世界中有无尽的智慧、蕴含着无穷的能量，有可以满足一切需求的无尽资源等待着你去发现、开发和释放。 如果人们能认清内在世界，外在的世界也会随之改变。

和谐的内在世界，将以和谐的气场呈现。 任何伟大的成功都离不开和谐的气场。

要使内在世界和谐，进而产生和谐的气场，首先就必须具备控制自己思想的能力。 内在世界的和谐会产生乐观和富足，同样内在世界富足了，外在世界当然不会贫穷。

内在世界是真真实实存在的世界。正是在这个世界中，男男女女获得了勇气、希望、热情、信心、信任与信念，进而不断走向成功。

内外世界的连接通过思考来实现。如果人们的大脑运转良好、通晓真理，神经系统传达给身体各个部分的信息就是有益的，是美好而和谐的，并且把力量、活力以及一切有益的能量注入身体当中。同样，诸如压力、疾病、焦虑等不和谐的形式也有可能通过思考传递给人们。

一切力量皆源于自身，源自内在世界，并且控制权掌握在你自己的手中，但是它必须通过特定的知识，通过对特定原则的主动实践，才能影响你的气场。

大多数人生活在外部世界中，常常忽略内在世界的力量。内在世界创造了外在世界，你在外在世界中所发现的一切，都源自你内在世界的创造。所以你需要领悟外在世界与内在世界的关系。内在世界是因，那么外在世界就是结果，想要改变外在世界的果，就必须先改变内在世界的因。

许多人在做的事情都是通过改变外在来改变外在的世界，也就是通过改变"果"来改变"果"，他们当然会徒劳无功地走向失败。

一切发展都源于内在，这是自然界的常见定律。任何植物、动物还有人类都是这一伟大定律生动的证明，而人类总是自以为是，结果聪明反被聪明误，人们一直试图从外在世界中寻找力量和能量。

力量和能量的决定因素在内在的世界，能力成就气场，气场决定命运。人们的命运，关键在于对这一宇宙源泉的认知。

善用气场能量改变自我

气场的能量来自每个个体自身，是内心深处蓄积的能量，同时与其他气场进行能量交换。在这个过程中受到的影响和改变，也会将这些改变作用于气场拥有者本身。实际上，你会发现，当你的气场发生变化时，整个人会如同脱胎换骨般，给人完全不同的感觉。改变自我，是活得幸福的最根本途径。

1. 气场塑造你的风度

风度是一个人内在实力的自然流露，这也算是一种魅力。

气场是千差万别的，因此风度具有不可模仿性，风度往往是一个人独有的个性化标志。风度是因为每个人独特气场的能量散发才显出自己的价值，气场是原因，导致的结果就是风度，因果不能倒置，人们也就不能不分主次、舍本逐末。每个人都希望自己具有风度，而风度是气场的一种综合反映。因此，只有通过打造自己强大的气场才能具备独特的风度，这也不是一蹴而就的，没有一定的积累和不断的修炼，也很难取得令人满意的成效。

具体来说，男人的风度表现在各个方面，模仿而来的风度只会是表层的一点点，所以必须从自己最基本的内心开始着手，由内而外自然变化，最后改变自己的气场。在这一过程中，从生活的方向直到细小的生活习惯，都会对你影响深远。看到有些人风度翩翩，如果不懂得其真实意义，就算学习他在某种场合的具体做法，你也只是东施效颦，因为你的气场还不具备做好它的能量。简单地说，急于求风度的方式，这种想法本身就不正确，继续下去，只能显得更加滑稽，最后风度全无。但是不要泄气，能有这种层次的认知，也是值得鼓励的，假以时日，经过自身不断地探索和努力，你的独特气场一定会让你也成为一个风度翩翩的绅士！

好莱坞著名影星亨弗莱·鲍嘉是公认的有风度的男人。他最为人熟知的作品是《卡萨布兰卡》，这部影片获得了1943年奥斯卡颁奖典礼上最佳影片奖，直到今天它仍然是电影史上最受喜爱的影片之一。鲍嘉个子不高，也没有特别出众的外形，说起话来更是有点口齿不清，而且他的嘴角比较特别，据说是受过伤，嘴巴不能完全闭合，话说多了会有少许的唾沫流出。但他的风度绝对是无人可与之相比的，以至于同为巨星的格利高里·派克曾经嫉妒地说："你以为你是亨弗莱·鲍嘉吗？在好莱坞，只有他可以一边犯错误，一边还在接受着表扬。"鲍嘉的风度从来不是矫揉造作的结果，而是内心的自然表现。

同样，"女士"是"绅士"的对应语。很多男士都希望被称为"绅士"，"女士"对于女人而言，也具有同样的魅力。真正的女士具有优秀的品质、独特的气质，她们自信、独立意识强、懂得判断是非的标准，坚持自己的为人处世原则；她们有社会责任感、幽默风趣、有风度又不失端庄典雅。这样的女人才能称为"女士"，因为她们的气场已经将她们塑造为美好的典范。这样的女性代表人物是奥黛丽·赫本。奥黛丽·赫本是奥斯卡影后，晚年曾任联合国儿童基金会特使。她是好莱坞众多女明星中最受欢迎的，她以高雅的气质与有品位的穿着著称。她说："充分认识自己、研究自己以后，做最有效益的投资。每个人都有值得强调的优点。将优点发扬光大，其他的就不用做过多解释。没有必要花太多的时间去学习接受自己，每个人都要接受自己的优缺点。不要照单全收经典装扮，否则人还未进门，衣服就抢夺了你的光芒。"这样的观点值得每个爱美女士学习、借鉴。

2. 气场塑造你的气度

气度是一个人心理素质的表现形式，它决定着一个人事业的成功与否。 提高一个人的气度，就是提高一个人的素质修养，进而提升气场的境界。 气场的强弱体现为气度，因为越是强大的气场越能容得下更多的能量，也就更能抵御外来事物的冲击。

人际交往的场合最能反映人的气度。 一个人的气度往往在与别人沟通的同时，表现得淋漓尽致。 如果你的气场够强，那么在短时间内就能让别人为你的气度所折服，如果你的气场太弱，你就会被忽略、藐视。

军事领域最能反映人的气度。大将风范，是一个人追求气度的最高点，在战争中，没有一个士兵不愿追随拥有这样气度的将军，每个士兵都想成为这样气度不凡的将军。以常胜将军拿破仑为例，他就是一个气度非凡的人，最集中的表现就是他的大度、容忍。茹当是先于拿破仑的革命军少将，曾经是拿破仑最强烈的反对者，后转变态度拥护拿破仑。拿破仑不计前嫌，先任命他指挥意大利的法军，后来又让他担任西班牙国王的军事顾问和参谋长。将军卡尔诺，曾竭力反对拿破仑当"第一执政"和皇帝。时过境迁，当他拥护拿破仑帝国时，拿破仑即委任他为安特卫普总督，"百日"时期又任命他为内务大臣。元帅波尼亚托夫斯基，曾是波兰集团军的司令，1806年在法军逼近华沙时投降拿破仑，拿破仑用人不疑，大胆任命他为法属华沙大公国的陆军大臣。1812年远征俄国时，他又担任集团军军长一职，莱比锡会战时被晋升为元帅。驻瑞士的法军统帅麦克唐纳，因莫罗将军的叛国罪受牵连而退伍。拿破仑珍惜人才，5年后起用他为军长，最后又晋升他为元帅。

　　林肯被誉为美国历史上最伟大的总统之一，他同样具有非凡的气度。在竞选总统前夕，他在参议院演说时，一个参议员当众羞辱他说："林肯先生，在你开始演讲之前，我希望你记住自己是个鞋匠的儿子。""我非常感谢你使我记起了我的父亲，虽然他现在已不在人世。谢谢你的提醒，我知道我做总统无法像我父亲做鞋匠那样做得好。"参议院顿时陷入了沉默。

　　他礼貌而不失尊严地对那个参议员说："据我所知，我的父亲以前也为你的家人做过鞋子，如果你的鞋子不合脚，我也可以帮你修改。虽然我不是伟大的鞋匠，但我从小就跟我的父亲学会了做鞋子的技术。"然后，他又对所有的参议员说："在座的各位也是如此，如果你们穿的那双鞋是我父亲做的，而它们需要修理或改善，我会竭尽全力帮助大家做好。但有一点可以肯定，我的手艺肯定不及我的父亲。"说到这里，所有的嘲笑都已经化作了真诚的掌声。

一个人的心理承受力和他的气度相辅相成。有的人只想听阿谀奉承之词，而不能听逆耳忠言，这种人的气场需要磨炼，否则根本无法在社会上生存。

3. 气场塑造你的人格魅力

人格魅力是气场对自我的终极塑造，综合体现了一个人的人品、能力和情感。很多人认为成功的最大秘诀在于人格魅力。

莫洛是美国纽约最著名的摩根银行的董事长兼总经理，作为总经理，他年收入高达 100 万美元。而他最开始只是一个小法庭的书记员，后来他的事业得以如此惊人地发展，他的制胜法宝是什么呢？莫洛一生中最重大的一件事就是博得了大财团摩根的青睐，从而一鸣惊人，成为世界瞩目的商业之星。

据说摩根挑选莫洛担任这一要职，除了看重他在经济界的声誉，更多的是因为他的人格非常高尚。范登里普出任联邦纽约市银行行长之时，他挑选行政助理的职务时，第一要求就是人格高尚。

相似的例子还有杰弗德，他从最初的小会计，步步高升，后来任美国电报电话公司总经理。他常对人说，高尚的人格是保证事业成功的基础。他说："没有人能准确地说出'人格'是什么，但如果一个人没有健全的特性，那么他就是一个没有人格的人。人格在一切事业中都极其重要，这一点毋庸置疑。"

人们如此重视人格魅力，正因为它全面反映了每个人的气场内涵和变化。 了解了一个人的人格魅力，就等于了解了他的气场，也就明白了这究竟是怎样的人，他能不能取得成功自然就一目了然了。

当你明白了气场的重要作用时，你就能理解人们为什么迫切需要了解气场。 实际上，人们从来没有放弃过对气场的了解和解释，只不过因为使用了种种不同的术语和体系，有时让人的头脑更加混乱而不是更加清醒。 实际上这也是不足为奇的，对于一个如此巨大而重要的秘密，人们总会有意无意地欲言又止。 现在是揭开面纱的时候了。

学会调整自己的气场

人具有社会性，既然每个个体都有自己的一个小气场，那么社会中的人群就会组成大小不一的一个大的气场，在若干个中型气场不同的组合方式之下形成了社会的大气场。 这些气场之间不断重复影响—冲突—平衡的过程，最后在不断的运动变化中达到动态的平衡状态，共同形成社会这个大气场。 每个人的气场既受到相邻气场的影响，也同样会受中型气场和大气场的影响。 它们在彼此的排斥与同化中相互影响，影响—冲突—平衡，但最终都能达到动态的平衡。

她被 Facebook 的创始人马克·扎克伯格称为最有价值的朋友，事业上的黄金搭档，也是其最乐于寻求帮助的朋友。

她以其聪明睿智赢得了 Facebook 公司里所有认识她的人的交口称赞，她就是 Facebook 首席运营官谢丽尔·桑德博格（Sheryl Sandberg）。

桑德博格最大的优势在于人际交往和自己的聪明智慧。她和出了名内向的扎克伯格每周都一起开会，帮助这位硅谷中最与众不同的商业合作伙伴——一句话就能表明这位合作伙伴的与众不同之处，扎克伯格经常被评为硅谷最差着装科技人物——为 Facebook 再创奇迹。事实上，桑德博格已成为对扎克伯格最有帮助的朋友。

自从桑德博格加入 Facebook，这家新兴的互联网企业已成功地度过了创业公司发展周期中最危险的阶段——快速发展期。而这个时候任何一个问题的产生对新公司命运往往都具有致命的影响，很容易产生过度扩张、投资分散、主业不清晰、盈利模式超前等问题。

桑德博格的人缘资源中很多是全球最大的广告商，这都是她在 Google 做高管时积累的人缘资源，这也保证了公司的不断盈利。此外，桑德博格还给 Facebook 带来了稳定的发展局面。此前一段时间，Facebook 的其他联合创始人、高管和早期员工纷纷离职，Facebook 公司曾一度陷入混乱无序的低迷状态。幸好，桑德博格来了。她的到来让这种状况得以改善，保证了公司继续平稳向前发展。"我们公司之所以运转良好，得益于他们俩和睦相处、互惠共赢。"Facebook 分管工程的副总裁这样评价桑德博格和扎克伯格的合作。

桑德博格尽心尽力地建立业务渠道，不断开拓广阔的国际市场，培育与大型广告商的关系，并在沟通和公共政策方面发挥她的影响。这就为扎克伯格提供了充裕的时间，专注于他最喜爱的东西：Facebook 网站及其平台。

从某个角度来看，扎克伯格和桑德博格的组合在硅谷的确是不可思议的。扎克伯格不善于交际，是典型的内向型性格；而桑德博格则正好相反：优雅、漂亮、非常健谈，在媒体面前更是沉着应对、镇定自若。

两人还不只是这些差异。扎克伯格大二时从哈佛大学辍学，此后专心致志地经营 Facebook 公司，没有在其他任何公司效力的经验。桑德博格则拥有哈佛大学工商管理硕士学位，她在 Google 工作过很长一段时间，并起着举足轻重的作用，帮助 Google 建立了最大型、最成功的互联网广告业务。当桑德博格从 Google 离开的时候，她在 Google 领导的团队已从当初的几个人发展到了大约 4000 名员工，占到了公司员工总数的 1/4 那么多；创造的营收占公司总营收的一半以上。而且，Google 的慈善事业也是她一手创立的，并开拓了一些与主营业务不相关的新项目，例如图书扫描等不相关的业务。

也许正是因为存在着如此明显的差异，扎克伯格和桑德博格的相处是那么的融洽和谐。"许多公司会雇佣性格非常相近的人。"扎克伯格说，"而我们更看重的是员工性格之间能够在互补中达到平衡。这种平衡关系需要努力才能达成，但它一旦达成，员工的工作效率就有突飞猛进的提高。"

扎克伯格和桑德博格的初次相遇是在 2007 年的圣诞宴会上，他们一见面就为对方的气场所吸引，当时扎克伯格就邀请桑德博格到 Facebook 公司上班，连续 6 个星期亲自做桑德博格的工作。为了避开身边的舆论，他通常在桑德博格的家中聚餐，以保持谈话的私密性。"我们有条不紊地发展着我们之间的关系，像照顾花朵一样细心呵护着它。"桑德博格回忆说。

"他非常害羞，人很内向，对于不认识的人，表面上看起来有些冷淡，但实际上他是非常热情的。"桑德博格提到扎克伯格时言语中充满了关切之情，"他非常关心和他在一起的同事们。"

她对扎克伯格爱护有加，她的爱护之情表现在方方面面。在一年夏季举行的技术大会上，扎克伯格在现场采访中回答有关 Facebook 隐私政策的问题时显得有些语无伦次，渐渐地，他变得非常紧张不安，脑门上直冒汗。这样的表现对互联网公司今后的发展可起不到什么积极的作用。采访结束后，桑德博格不是鼓励他抛开采访中的负面的东西，重拾信心，而是要他多关注访谈中进行得非常顺利的地方，这样一来下次采访时就不会紧张了。

扎克伯格用"高速宽带"这样一个充满技术色彩的词语形容他们之间的关系。"我们交谈 30 秒钟的信息量，远大于我和别人开一小时会获得的信息。"他说，桑德博格总能让他迅速获得公司发展的最新信息，比如说，公司在海外的营运发展情况。

"我敢肯定，（在她的协助下）公司现在正在发生的任何事情我都可以知道。"扎克伯格说，有她在，公司肯定会平稳有序地运作。"自从她进入公司以来，大大提高了公司员工的合作意识及团队办事效率。"

桑德博格和扎克伯格的关系越加的亲密。他们俩经常往来，曾是高中击剑队队长的扎克伯格，还亲自将几个击剑动作教给桑德博格的儿子。而当扎克伯格和他的妻子想要做慈善，并向桑德博格求教时，她毫不吝啬地为他们挑选出合适的人缘关系，并安排扎克伯格和纽约市市长、华盛顿教育局局长的会谈。扎克伯格说："我和妻子常常来找她帮忙，可见我们的关系非同一般。"

桑德博格和扎克伯格的完美合作是对不同气场间几个要素相互影响的最好阐释。对这一过程的分析，能让人们更清楚地了解气场之间相互作用的原理。

首先，像每个人的生活一样，他们的相见绝对是天意。在生活中，在职场中，人们都不知道下一秒谁会出现在自己的身边，会遇到什么样的气场，这些新的气场会对自己的生活产生哪些影响，会促进自己的发展还是阻碍自己的进步。这就会带来选择和应对的问题。如何与新的气场达成有效的交流，如何在新气场的反哺下促进自己进一步的发展，怎样通过不同方式的组合形成更大的气场。桑德博格和扎克伯格的经验是渐进、互惠和持续付出。所谓渐进，是说在表现自己及探查对方气场时不要过于热情、不要一蹴而就。桑德博格说他们有条不紊地发展着彼此之间的关系。问题的关键就是这一步。两个陌生气场之间从接触到相互交流，到尝试组合新的气场，这一切都需要一定的步骤和节奏，因人而异，而气场的不同也要注意把握节奏。只有良好地掌控节奏，才能获得更好的效果，一味求快反而事倍功半。两个气场一定是能够相互帮助，才能结成紧密的关系。桑德博格有人缘、有背景、有经验，扎克伯格有技术、有远见卓识和杰出的管理能力，两个人的合作是典型的强强联合。美国总统肯尼迪说过一句话，不要总惦记着国家给你带来了什么，而要问你为国家做了什么。 同样，当你期待从对方那里索取时，你也不妨先问自己给对方带来了什么。 无论在生活中还是职场中，等价交换是永恒的法则，无论是你付出的努力、时间与成功的交换，还是你和别人之间的交换，天上掉馅饼的事情是不存在的，付出多少，得到多少，这是铁的法则。 同时维护这种关系不仅需要一时努力，更需要的是你坚持不懈地为之努力付出。 桑德博格和扎克伯格在日常生活中十分注重维护相互之间的关系，除了在公司，生活中也是如此，比如扎克伯格教桑德博格的儿子学习击剑，都在努力地使彼此的气场更加紧密地连接在一起。

其次，学会调整自己的气场与对方相契合，换句话说就是如何在平等交流的前提下改变自己的气场。 桑德博格的做法是无时无刻不在关心爱护着扎克伯格，比如在慈善事业等方面对他加以指导，为他解决面临的问题。 这种柔性的方式符合桑德博格女性、长者、下属的三重身份，改变着扎克伯格的性格及处事。 这提醒人们做出改变时要注意对方的身份、对方和自己的关系，更要非常清楚这种关系的变化发展方向。 这种考虑在职场中表现得最为突出。 作为职场中的一分子，你要打交道的对象包括客户、同事、下属和老板。 种种不同的关系错综复杂，你遇到的人可能个性千差万别，但要记住，无论老板笑得多么灿烂，他依然是你的上司，客户脸再臭还是客户。 心中有了这种觉悟，你就能找准自己的位置，提高自己调整气场的效率和水平。

第四章

做好自己，才能有自己的气场

自我审视能激发气场

苏格拉底曾经说过："我只知道一件事情，这件事情就是我一无所知。"想要成功的人也要拥有这样的心态，因为只有明白自己什么也不知道，才有可能静下心来向他人学习。

人的自我认知过程与此类似。只有知道对自身情况一无所知或者知之甚少时，你才愿意诚心诚意地去认识自己。这就是自我认知的过程。一个不了解自己的人很难利用气场实现成功，因为他无法走出自身失败的阴影。人们了解自己的气场，才能激发自己的气场，从中获得能量，在竞争中处于优势地位。

审视自己时，首先应该看到自身的优点和长处，优点构成了人们气场中最积极、最强势，也是最容易被激发的能量。在了解自身优点的时候，你必须非常清楚自己拥有哪些东西，技能、财富、知识，包括你的身材、长相等等，都是你的财富。你的成功就基于此，只有利用这些才能达到最大的成功。例如，一个人没有身高上的优势，那么他就不应该试图让自己成为一个篮球明星。当然你可能会说某某球星个子就不高，可是如果愿意用同样的努力去从事其他工作，他们可能会更加成功。对于那些自己无法改变的因素，人们应该学会因势利导，最大限度地利用自己的优势资源，这样才会离成功越来越近。

然后，你要区分出哪些是能改变的，而哪些又是无法改变的。比如，身高和相貌显然是很难去改变的，知识和技能却可以通过后天努力来改变。培根曾经说过："知识就是力量。"只要你自己愿意改变并为之付出，知识的力量就能指引你走向成功。

　　巴尔扎克是世界文学史上的伟大作家之一，他用短短的一生写出了批判现实主义的杰出代表作《人间喜剧》中的91部小说。雨果这样悼念巴尔扎克："在最伟大的人物中间，巴尔扎克赫然在列；在最优秀的人物中间，巴尔扎克是佼佼者之一。"然而，传记中对这位天才作家的描述是：又矮又胖，肚大腿短，相貌丑陋，身形臃肿，用罗丹的话说，简直是一个"活木桶"的人。幸运的是，巴尔扎克知道自己的优点并充分利用自身的优势条件使自己成为继拿破仑之后第二个征服欧洲的法国人，不同的是拿破仑用剑，而巴尔扎克是用笔。

　　相貌丑陋的确是很难改变的事实，可是对于那些想要成功的人来说，这不会是他们成功路上的绊脚石。他们懂得通过勤奋努力弥补自己的缺陷，就像巴尔扎克将自己的文学造诣尽情挥洒出来一样。试想，假如一个人在自己不擅长的领域耗尽一生，他的一生又怎么可能成功呢？

　　在利用自己优点的过程中，自身的不足当然也不能忽视，要尽量躲开那些不擅长的领域。如果你一边运用自己的优点追求成功，一边又在自己不擅长的领域耗费时间，你很有可能无法达到本该取得的成功。巴尔扎克的经历证明了这一点。他曾经数次经商，结果事实证明他并不是经商的材料，经商的结果是让他欠下许多债务。这些也迫使他不断透支自己的青春，过于繁忙的工作也让他透支着生命。

孔子说："三人行，必有我师焉。"人们在审视自我的同时，也要听一听他人的意见和看法，他人的观点让人们看到另一个角度的自己。他人的观点经常会帮助人们发现自身容易忽视的问题。

总之，只有自我审视才有可能激发自身的气场。你只有通过审视自己，找到自身优点并且合理利用，同时学会扬长避短，才能实现自己的目标。

不要轻视接纳真实自我

谁都希望自己美若西施，貌若潘安；谁都希望自己天资聪颖，成为人群中的佼佼者；谁都希望自己口含金汤匙出世，一帆风顺，坐享其成……但现实社会中，这些都是不可能的，只是一厢情愿的白日梦。世界上有些事情是可以改变的，而有些却是人为因素不能改变的。如何看待这部分"天赐"的内容，影响着一个人气场的形成。

首先请大家共同参与下面这个游戏：

请你先拿出一张白纸，按照提示做出一张表格。把纸纵向均匀地折叠成四部分，从左边开始第一列，依次写下：身高、体重、相貌、性别、文化程度、出身阶层、性格、爱好、人际关系、家庭、配偶、职业、收入、住宅面积、理想抱负……

也许当你看到这些五花八门的条目时，可能大惑不解，不知道要干什么。其实严格地讲，这些条目可能不完全合乎逻辑且不全面，因此在省略号部分，大家可以根据实际情况进行添加。

然后，从白纸的上方开始，也就是横向的第二列、第三列、第四列依次写上：真实的我、理想的我、别人眼中的我。

好了，这样一来，表格的表头部分就完成了，接下来的任务就是填写表格。建议你一鼓作气地根据自己的真实情况进行填写。以一位女性为例，在"真实的我"一列中可以填写：身高1.58米、体重53千克、相貌中等、文化程度写你的最高学历……

对于"理想的我"一列，你期望自己怎样就大大方方地写出来，不用担心能不能实现。比如你希望自己身姿窈窕如模特，就大胆设想身高1.78米，体重48千克。相貌的那一栏，你也可以大笔一挥写上"凯瑟琳·赫本"或"刘德华"。总而言之，不管你期待怎样的自己，老老实实地写出来就可以了。

当你完成上面的工作后，最后就是"别人眼中的我"。首先说明一下，这里的"别人"，是说身边的人对你的印象和评价。比如你深知自己内心常常忧郁、烦闷，但由于你善于掩饰自己的真实情感，周围的人却认为你是个快乐、开朗的人，那么就请如实写。再以"收入"为例，如果你的实际情况为月薪2000元，但你总是大手大脚的，常常仗义疏财，人家就会以为你的月薪起码5000元以上；

但你因要攒钱娶媳妇或买房子，日常生活中非常节俭，吝啬小气，别人就会以为你的收入只有 1000 元左右。这一部分的填写说简单也简单，例如身高、体重这些基本信息，别人眼中的你和实际的你差别并不大。但是有些复杂的确实不好写，不少人在填写这一栏时，一定会眉头紧锁，绞尽脑汁地思考，因为人们常常不知晓自己在他人眼中的印象如何。

总之，这个表格完成起来不是那么的容易，也许很多人对于这个游戏并不感兴趣，但是只有真正完成表格，纵横相比较后，其中的奥秘才会显现出来。

游戏之后给人留下的最大的感觉就是震惊。为什么每个人对自己的评价和自己的理想之间竟存在着如此大的差距？ 98% 的人都嫌自己个头不够高，相貌不够俊秀，没有出生在富贵的家庭……总之，它反映的矛盾问题可以概括为"你所拥有的，都是你不喜欢的"。

由于人们特别在意"别人眼中的我"，于是大多数人开始排斥不完美的自己，将自己隐藏在一层层的包裹之下。当人的内外气场处于截然相反的矛盾状态时就无法产生让自己披荆斩棘、继续前进的力量，甚至由于自身的矛盾气场还有可能招致许多意想不到的烦恼。

如果一个人长期无法"真正"起来，就会觉得自己一直被压抑而非常委屈。如果一个人经常扭曲自己，把真实的自我隐藏起来，周围的人看到的自己都是伪装的，那么他伪装得越像，付出的代价就会越大。当那些被压抑和被扭曲的能量积攒到一定程度，肯定会突然爆发。正如在写字楼里常常看到某位温文尔雅的小姐忽然大发雷霆、粗口相对，或者发现众人眼中的谦谦君子竟然在家里使用家庭暴力。

也许你会说，没有你形容的那么夸张，他们也能平平安安地走完自己的一生。如果真是这样，你更应该为他们惋惜。因为他们不能接受自己的不完美，耗尽自己的生命却竭力地扮演了一个别人眼中的角色，他们从来没有真正地做过自己。我很欣赏陀思妥耶夫斯基说过的一句话："我的一生有过爱也有过苦，但重要的是我能够很真实地说，我活过。"

2003 年 12 月 24 日，时任外交部部长李肇星在新华网"发展论坛"聊天室和网友交流，其中有一位网友提问道："如果有人说您的长相不敢恭维，您如何看待这种说法？"李外长从容地答复："我的母亲可不同意这种说法。她是一位山东农村的普通妇女，我的长相，她非常满意。"接着，李外长又补充道："我曾经在美国俄亥俄大学发表演讲，在场3000 多名学生曾起立给我鼓掌长达 3 分钟之久。如果我的工作能使外国人觉得我的祖国是美好的，我会觉得很幸福。记得一位美国教授对我评价说，你时刻都把祖国放在最重要的位置上，这正如美国流传的一句谚语，天使把自己看得很轻，因此才能飞得更远。"

对于李外长的长相，也有网友赞赏说："他们说你的外表不敢恭维，但在我们女网友眼中，您是魅力十足的。您在外交场合的言辞，让我们看到了中国男人的阳刚之美。"李外长笑着答复道："你的话令我受宠若惊，实际上在工作中我很多时候都无暇顾及自己的外表。"

要让自己的气场变得更强大，一条重要的原则就是对那些不能改变的事物要能够做到像李肇星那样安然接纳。你要清楚，接纳并不是被动地接受命运的安排，而是用积极的智慧和豁达面对人生。无论处在多么残酷的现实中，只要拥有真实的自我，就会让人们拥有脚踏大地的资格；虚幻的自我，无论多么美好、奇幻，都会化作泡影而消失不见。

朋友们，不要轻视接纳真实的自我这件事情，它是接纳万物的门票，是改变一个人气场的关键。请你不要再用"理想的我"来贬低"真实的我"。面对那些不在人们掌控范围之内的、不能改变的事物，捶胸顿足、怨天尤人是无济于事的。"真实的我"可能存在这样那样的问题，但它却自有强大的魅力在其中。人们必须坦然面对自己的不完美，承认自己就是不完美的，接纳自己的不完美。只有这样，你才能多一份包容，也才能更加自信，才能为自己形成积极、强大的气场。

唤醒潜能，超越现在的自己

就像永远也挖不尽的宝藏，人的潜能也是永远挖掘不尽的，你可以从这座宝藏里取得所需的一切东西。如果能唤醒这种潜在的巨大力量，奇迹就会随之出现。

约翰是音乐系的一名学生，这天，他和往常一样走进了练习室，一份全新的乐谱被摆在了钢琴上面。

"超高难度……"他翻着乐谱，对弹好这份乐谱完全没有信心。已经3个月了！自从跟了这位新的指导教授之后，约翰始终都处于不停歇的状态。他勉强打起精神，开始用自己的十指奋战、奋战、奋战……因为太专心，他连教授走进来的脚步声也没有听到。

指导教授是个极其有名的音乐大师。授课的第一天，他就递给约翰一份乐谱让他自己回去试试看。乐谱的难度颇高，约翰并不能弹得十分流利自如。教授在下课时叮嘱约翰回去以后一定要好好练习。

约翰练习了一个星期，在第二周上课时已经为教授的检测做好准备，没想到教授又给他一份难度更高的乐谱。丝毫没提上周交给他练习的乐谱。约翰再次面临更高难度的技巧挑战。第三周，教授又给了他一份更难的。

这样的情形不断持续着，每次上课约翰都会面临难度更大的乐谱，然后把它带回去独自练习，接着再回到课堂上，重新面临两倍难度的乐谱，沉重的压力一直困扰着他。约翰越来越感到不安、沮丧和气馁。

几个月后的一天，教授像往常一样走进了练习室。约翰再也忍不住了，他终于鼓起勇气质疑教授的做法了。教授没开口，他抽出最早的那份乐谱，让约翰再弹奏一遍。

不可思议的事情发生了，约翰把这份乐谱弹奏得十分精湛与美妙。教授又让约翰试了第二堂课的乐谱，约翰依然有超高水准的表现……演奏结束后，约翰对着老师说不出话来。

教授这时开口了："如果我不这样训练你，可能你现在还在练习最早的那份乐谱，那你还能拥有现在的能力么？"

人确实有无限的潜力，遗憾的是，人们很多时候对自己的潜力并没有足够的认识，面对困难和挑战时首先想到的就是畏惧和退缩，因此只能在原地踏步，从而错失了超越自己、挖掘潜力的机会。

每个人都蕴藏着巨大的潜在力量，需要人们去发现、认识与开发。这种力量一旦引爆出来，将会产生不可思议的效果。

美国知名学者奥图博士说："人脑好像是一个沉睡的巨人，而只有不到1％的脑力被我们利用了起来。"一个正常的大脑记忆容量大约相当于6亿本书的知识总量、一部大型电脑储存量的120万倍。如果人类能发挥其一小半潜能，那么学会40种语言，记忆整套百科全书等，都会是轻而易举的事情了。

研究表明，即使世界上记忆力最好的人，也没有用到大脑百分之一的功能。人类的知识与智慧，现在还没有得到充分的开发。人的大脑是个无尽的宝藏，只要人们肯花心思去挖掘，努力运用潜意识的力量，就会更轻松、更快速地获得成功。运用潜意识来开发无限的潜能，它将带给你无限的挑战和惊喜。

下面的方法对于改造自我潜意识十分有效，如果能够经常利用，将会取得不同凡响的效果。

1. 强力刺激法

比如推销员在遇到挫折时，可以通过大喊一声获得能量。进而置之死地常可以"后生"，伟大的行动常常是由强烈的愿望驱动的。

"巅峰销售潜能""巅峰团队潜能"等目前流行的高级训练课程中，均采用了大量的超强度心理及生理训练手段，强力刺激学员的自我意识，从而不断激发他们的潜能。

2. 直接输入法

例一：早上起床后、晚上睡觉前写 50 遍自己的目标，一定能将目标信息输入潜意识。

例二：在家中一直播放潜意识录音带，当作背景音乐即可，无须刻意留神去听。即使在睡觉时也不用关掉录音机，因为潜意识还是能听到这些录音带，并且取得同样的效果。当然，其他有效的"直接输入法"也是可以拿来运用的。

3. 心理暗示法

心理暗示对人产生的巨大作用在著名的"罗森塔尔效应"中就能得到充分的说明。

著名心理学家罗森塔尔曾为了做实验，在一所中学挑选了一些学生，经过一番"测试与分析"之后，他把特别聪明的学生挑选了出来。

当然，他的所谓"测试与分析"其实并没有经过真正的科学测量，挑选也完全是随机的。受到心理学权威的暗示，老师对待那部分"聪明的"学生有了更高的要求，那群被教授暗示为"特别聪明的"学生也越来越觉得自己是很聪明的。8 个月后，考试的结果表明，那些被教授圈定为"聪明的"学生的成绩都比过去有了很大的进步。

由此可见，心理暗示对于人们的成功有着多么重要的影响。

相信自己，美好未来就有可能实现

大多数人在小时候都曾幻想过自己是童话故事中的王子、公主，然而随着自己慢慢长大，人们逐渐意识到那些不过是魔幻世界中的故事，永远不会实现。生活中还有些人可能受到电视剧的影响，常常幻想自己意外继承了一大笔财产，一夜暴富或者一夜成名，可是时间再次将这个梦打破。于是，今天的人们不敢再去做那些奢侈的梦，不再幻想着未来的梦有朝一日会实现。

其实，每个人一出生就已经继承了一笔不可估量的财产，这笔财产就是你的气场。只要运用好气场的力量，你就能得到自己想要的东西。也许有些人要说："你是个骗子，为什么今时今日我依旧是个一无所有的穷光蛋？"问题就在于你拥有这笔财产，但是你还没有意识到它的存在或者你不知道该如何利用它。

在一家酒吧里，聚集着3个准毕业生，相互之间谈论着有关未来的工作、愿望等话题。一个人说："我希望有一部跑车。"另一个人说："我希望有足够的钱出国旅游。"第三个人沉思片刻之后说道："我要成为亿万富翁。"另外两个人觉得不可思议，认为他们这位朋友只是在说笑。

20年后，当年的好兄弟再次聚会。第一个人早已忘记当年他许下的跑车愿望，一直在当地一家小公司做会计，勉强维持生计。第二个人在刚毕业的头几年的确很努力，很快就挣够出国旅游的钱，当年出国旅行的愿望自然实现了。当他心满意足地回国后，又回到原来的岗位踏踏实实地工作起来，虽然没有大富大贵，但生活也处在小康水平，所以他还是比较满意自己目前的生活。而当初被他俩认定是酒后胡言的那位朋友，经营着一家大型的连锁超市，身家早已过亿。毕业后，他为自己的梦想不断打拼，有过挫折，有过失败，但他一如既往地用积极的态度、坚定的信念向自己的目标努力。终于付出得到了回报，他逐渐拥有了属于自己的事业，并且不断地扩大规模、强化管理，建立了属于自己的超市王国。

佛陀曾说过，"我们现在的一切，都是过去思想的结果"。听起来似乎觉得很神奇，但事实就是如此。任何伟大的事业与目标都不是靠纸上谈兵就能轻易实现的。几乎所有成功人士在他们取得成就之前，都相信自己会在社会上有所作为，起码在他们对自己的认定中，他们确信自己是人生舞台上的主角而不是配角。也许周围的人无法接受他们这样的想法，以至于被大家判定为疯子。但是事实证明，越是这样，气场越会不断膨胀，也就使人更加接近成功。

理性不只是头脑中规划的美好蓝图，你想什么就会吸引什么。如果你想象积极的事情就会吸引促成你成功的积极因素；相反，那些消极的事情吸引的就是导致你失败的消极因素。这也正对应人们现在常说的那句话——只有心怀恐惧的人才会被恐惧袭击。既然人们已经知道思想意识会决定未来的生活，那人们就应该将自己的心态摆正，积极地去思考和面对问题，让气场更好地发挥正面作用，成为你向前发展的力量。

　　人的思想就是现实、就是能量。　你的未来不应该为自己狭隘的思想意识所制约。　凡事皆有可能。　你只需要相信自己，相信你有这个能力，将梦想、目标、行动和积极的态度联系起来，在你脑中规划的美好未来就很可能实现。

第五章

气场让人生平衡运转

气场能使人冷静，回归自我

在通向胜利的道路上，不可能总是一片坦途，困难和挫折是经常会遇到的，人们往往感觉自己身上的压力已经超过了能承受的限度，而自己的气场也在不断减弱，甚至都感受不到了。在人们急需力量和智慧的时候，气场扮演着怎样的角色呢？

曾经有一个年轻的小伙子，他的名字叫约翰，他曾经在部队参军，从军队退役后回到家乡。虽然军队里衣食无忧，但社会现实却是非常残酷的，为了适应社会的生活法则，他不得不马上出去找一份工作，一边养活自己，同时也让自己有事可做。

凭着他在部队学到的技术，找一份工作还是比较容易的，于是约翰就在一家水电站当上了机械师。他很快就习惯了新环境，也很快适应了新的工作，对他来说，生活充满了快乐。转眼过了一年多。一天，经理把他叫到办公室，告诉他，他升职了，做班长，主要负责站里的重型柴油机的工作。但是，约翰没有大家想象中的激动与兴奋。

"从那个地方、那一刻起，我开始变得忧心忡忡。过去，我是一个快乐的机械师。当班长，对一般人来说，这可是表现自己的大好机会，但是对我这样一个生性逍遥的人来说，却是一个不折不扣的灾难。我不得不为那些重型柴油机忧心忡忡，担心它们哪里出了故障。身上的责任压得我透不过气来。以前那个快乐的我消失不见了，焦虑无时无刻不困扰着我，不管我是睡着了，还是醒着；也不管我是在家里，还是在厂里，沉重的负担压得我喘不过气来，这种压力简直让我有窒息感。

"后来，我最害怕的事还是发生了——重型柴油机出了故障。那天，我朝砾石坑走去。正常情况下，那儿应该有4台牵引车带动4台巨大的削刮机工作，听上去轰轰隆隆，声音特别响亮。但非常奇怪的是，那天周围静悄悄的，寂静得让人感到恐惧。我很快查出了问题所在：4台牵引车全坏了！我吓坏了，立刻感到前所未有的恐惧，并陷入茫然，不知道怎么向领导解释这个情况。

"如果说以前我也曾经焦虑不堪、焦躁难耐，但是和那一刻比，根本不值得一提。我脑袋里一片空白，愣在那里，不知所措。后来，我找到经理，将这个不幸的消息告诉他，说4台牵引车全坏掉了。我把事情的来龙去脉一口气说完，然后就默默地祈祷，等着经理的批评甚至被开除。如果这些都不管用，天塌下来我也无能为力了。

"可是出乎我的意料，天没塌。经理听完之后，一直是面带微笑的，沉默了一小会儿，看着我说了3个字。不管我能活多长时间，我都不会忘了这3个字，永远不会。它们是：'修好它！'

"就在彼时彼刻，我所有的忧虑、害怕、担心，全部烟消云散，地球依旧在转动。我精神振奋地走了出去，抓起工具，马上投入到对牵引车的故障修理中。

"'修好它'，这是多么神奇的3个字啊！它让我的生命从此改变，它改变了我对工作的想法。不错，有什么事情是不能解决的呢，天怎么会塌下来呢？从那天起，每天我都默默地感谢我的经理，他不但让我对工作有了热情，还让我更加自信。我知道，如果有一天，什么事情弄糟了，我会立即动手，解决这些问题，而不是在那里瞎担心。只要有解决问题的决心和勇气，没有什么好担心的。杞人忧天其实是最愚蠢的！"

正是由于感受到那位经理非凡的气场，约翰才对生命有了全新的认识。那激动人心的3个字，让约翰摆脱了一直背负着的责任压力，成熟的气场使人具有采取行动的能力：做决定，并着手实施。用勇气和行动去击败所谓的担心和恐惧，这才是有力量的行动，也是真正有意义的地方。

面对困难和危机，人们通常会乱了阵脚，不知如何是好，这位经理给每个人上了一课。担心、恐惧对一切都于事无补，在那一刻真正需要的是调节你气场的频率，让自己镇定下来，做出及时采取行动的决断。人们能做的就是"修好它"，尽全力挽救这些过失，把恶果减小到最低。气场不提供智慧，也不提供勇气，但它能让你迅速冷静下来，恢复原来充满智慧和勇气的自己。

不仅是个人的气场，集体的气场在面临危机时也能展示出不一样的品质。阿迪达斯体育用品现在已是家喻户晓的存在，它的创始人阿迪·达斯勒兄弟被公认为是现代体育工业的始祖，他们不断创新和克服困难，一生致力于为运动员制造最好、最舒适的产品，终于阿迪达斯的品牌已经成为体育用品制造的代表。

　　阿迪·达斯勒的父亲是一名鞋匠，一家人就靠着祖传的制鞋手艺谋生，阿迪·达斯勒兄弟从小就给父亲打下手，做一些零活。在机缘巧合之下，一家店主将店铺转让给了阿迪·达斯勒兄弟。他们从父亲作坊搬来几台旧机器，又从二手市场买来一些必需的工具。就这样，兄弟俩正式挂出了"达斯勒制鞋厂"的牌子。

　　一开始，他们只能制作一些拖鞋，由于设备陈旧，加上店铺的规模太小，兄弟俩又是刚刚进入制鞋行业的新手，没有足够的实践经验，在鞋子的款式设计上也没有新意，大多是模仿别人的老样式，因此他们生产的鞋子销量一直不好。

　　但这两个年轻人并没有被困难吓倒，他们想方设法找出问题的根源，努力走出失败的困境。聪明的兄弟俩逐渐意识到：凡是成功的企业家都能准确把握市场的发展动向，而他们生产的款式已远远落后于当时的需求。

　　兄弟俩着手寻找自己的市场定位，经过市场调查，他们对自己有了重新的市场定位：他们认为应该立足于普通的消费者。因为普通消费者多以体力劳动为主，对他们来说合脚又耐穿的鞋才是最需要的。再加上兄弟俩是体育运动迷，并且深信随着人们生活水平的提高，人们一定会意识到健身锻炼对健康的重要意义，既然参加锻炼就要有舒适合脚的运动鞋。

　　找准了明确的市场定位，接下来就是设计生产的问题了。他们把自己的家也搬到了厂里，一个多月后，他们设计出了样式新颖、颜色独特的跑鞋。

然而，让他们意外的是，新颖的跑鞋并没有畅销起来。当兄弟俩带着新鞋上街推销时，人们首先对鞋的构造和样式都大感新奇，竞相来围观。可看过之后，真正购买的人却很少，人们看着两个小伙子年轻、陌生的面孔，脸上流露出的表情是一种不信任。

兄弟俩四处奔波，向人们推销自己精心制作的新款鞋，但是推销了很多天，他们连一双鞋都没有卖出去。

兄弟俩本以为做过大量的市场调查之后生产出的鞋，一定会受到很多人欢迎，然而难以解决的困难又一次让两个年轻人陷入绝境。

但是在他们兄弟眼中永远没有失败，只有"勇气""努力"和"希望"。在困难面前，兄弟俩没有消沉，也没有被困难打倒，而是迎着困难上，继续努力，在仔细分析当时的市场形势和自己公司的现状后，他们找到了应对之策：把鞋子送往几个居民点，让用户们免费试穿，试穿之后感觉满意了再付款。

一个星期过去了，居民们试穿了鞋子，但是还是没有人购买。两个星期过去了，还是没有消息。兄弟俩心中都有一些焦躁，耐心也一点点被磨得没有了。

在耐心等待中，不知不觉又挨过了一个星期，他们现在唯一能做的就是坚信自己的能力和判断，等待顾客上门。一天，第一个试穿过鞋子的顾客终于上门了。他对兄弟俩设计的鞋子非常满意，鞋子穿起来感觉好极了，并且价钱也很合理，他可以接受。在交了试穿的鞋钱之后，又订购了好几双同型号的鞋。

随后不久，其余的试穿客户也都陆续上门。一时间，小小的厂房居然热闹起来，客户络绎不绝。鞋子的销路就此打开，他们的品牌逐渐为人所知。

在公司刚刚起步的时候，兄弟俩的气场就是阿迪达斯公司的气场。在一次次危机中，在一次次的困境中，兄弟俩始终保持着坚定、沉着的气场，成功的路线、策略能够及时地调整和改变，而对成功的渴望，对自我的信任，对勇气的坚持，也没有因外界的困难而改变，正是这样的气场保证了阿迪达斯公司不断地发展壮大。

积极的气场能使人战胜不幸

下面两个故事的主人公是丹恩和杰瑞。

每年的圣诞节，丹恩·威廉姆的3个儿女都会从不同城市，和自己的爱人、孩子一起回家，共度节日。丹恩的儿女都有成功的事业，家庭也很幸福。但当他们回到父母家中共度节日时，总要面对已经瘫痪在床十几年，整天呻吟、叹息的老父亲丹恩。而母亲也是年老体衰，动作迟缓，总是不言不语。节日的气氛被阴沉、腐败的气味所替代。仿佛家里唯一的活物，只有那条偶尔会起来活动觅食的老狗迈克。在这样的节日，全家人难得团聚，丹恩夫妇虽然高兴孩子们回来，但坐下来聊的话题，都是他们平时接到儿女电话时，已经说了无数遍的事情：心脏不舒服、眼睛昏花、腿脚痛、胳膊痛、胃里难受、失眠、伤心……终于挨到了吃晚餐的时间，所有的大人都沉默不语，连孩子们都不哭不闹，这样的安静气氛甚至让人害怕。

每年圣诞节那几天，丹恩的3个儿女都感觉窒息、压抑、苦闷。只要圣诞假期一结束，他们就迫不及待地想回到自己的家。父亲瘫痪在床不仅他自己感到痛苦，还会影响到家中所有人的精力、时间和心情。

而在杰瑞的故事中，则有完全不同的结果。

杰瑞是个不同寻常的人，他总能时刻保持好心情，而且对事物总是有乐观的看法。当有人问他近况如何时，他回答："我快乐无比。"他是个饭店经理，他身上还有一个奇特之处——他换过几家饭店，有几个饭店侍应生也跟着他跳槽。他鼓舞人的能力似乎是与生俱来的。如果哪个雇员心情不好，杰瑞就会开导他多看看事物好的一面。

这样的生活态度实在让他的朋友好奇，终于有个朋友忍不住来问他，一个人怎么可能总是看事物的光明面。"你有什么诀窍吗？"朋友问道。杰瑞答道："每天早上我一醒来就对自己说，杰瑞，你需要做一个选择题，你可以选择心情愉快，也可以选择心情不好。我选择心情愉快。每次有坏事情发生时，我可以选择成为一个受害者，我也可以选择把它当作一次教训从中获益。我选择从中学习。当有人心情不好抱怨社会时，我可以选择接受他们的抱怨，也可以选择指出事情的正面。当然我选择看到事情的正面。"

"是！对！难道就是这么简单吗？"他的朋友质疑道。"就是这么容易。"杰瑞答道，"人生就是选择。你去除那些不相关的东西之后，每一种处境就是面临一个选择。你选择如何去面对各种处境，你选择别人的态度如何影响你的情绪，你想要悲伤还是快乐，归根结底，人生掌握在你自己的手中。"

杰瑞对朋友说的话产生了很大的影响。没有多久，朋友就离开了饭店去开创自己的事业，他们失去了联系，但朋友却一直记挂着他。

几年后，朋友听说杰瑞发生了意外：有一天早上，他忘记了关后门，被3个持枪的强盗拦住了。过度紧张的强盗受到惊吓情绪失控，对他开了枪。幸运的是，杰瑞被发现得早，紧急送进了急诊室。经过8个小时的抢救和几个星期的精心照料，杰瑞已经可以出院了，只是仍有小部分弹片留在他的体内。

事情发生后6个月，朋友见到了杰瑞。朋友关心地询问他最近的情况，他答道："我快乐无比。想不想看看我的伤疤？"朋友趋身去看了他的伤疤，问他面对突如其来的强盗，他想些什么？"第一件在我脑海中浮现的事是，我应该关后门。"杰瑞答道，"我中弹后躺在地上，我对自己说有两个选择：一是死，一是活。我选择了活。""你不害怕吗，当时你还有知觉吗？"朋友问道。杰瑞继续说："医护人员很好。他们不断告诉我，我不会有危险的。但当他们把我推进急诊室后，我看到他们脸上的表情，从他们的眼中，明确告诉我自己已经无药可救了。我知道我需要采取一些行动了。""那你当时是怎么做的？"朋友赶紧问。"有个身强力壮的护士大声问我问题，她问我有没有对什么东西过敏。我用尽全身力气回答，有的。这时，所有的医生护士都停下来等着我说下去。我深深地吸了一口气，然后大声吼道：'子弹。'身边的医护人员都笑了，我又说道：'我选择活下来，请把我当活人来医，不要把我当尸体。'"

杰瑞活了下来，一方面因为医术高明的医生，另一方面还因为他非同寻常的乐观气场。 积极的气场使他战胜了不幸。

强大的气场能使身体健康

查尔斯·哈奈尔是著名的成功学大师。 在他看来：大脑—脊椎系统是显意识的器官，腹腔神经丛是潜意识的器官。 大脑—脊椎系统是人们通过感官接收意识感知的渠道，它的核心是大脑，控制着身体的运动。 腹腔神经丛也有自己的中心，它是处于胃的后部、被称为太阳神经丛的一个神经节丛，它作为精神行为的渠道，同时也能支撑身体的生命机能。 这两个系统之间的连接通过迷走神经建立起来。 作为大脑—脊椎系统的一部分，从脑部延伸出来的迷走神经系统直至胸腔，再连接人的心脏和肺部，最终穿过横隔膜之后变化一下外观与交感神经合二为一，这样两个系统联结在一起，可以使人的身体成为一个"独立的实体"。

大脑这个显意识的器官做出所有的思考，而思考能力又决定了进行的思考，当显意识认同了思考的结果之后，它就会被转移到太阳神经丛——潜意识的司令部去，成为身体的一部分，以备传递给外界成为现实。当到达潜意识之后，这些思想就会摆脱理智的束缚，因为潜意识中没有理智，只会行动，显意识得出的结论，它都会全部接受。太阳神经丛被比作身体的太阳，因为它是分配能量的中枢，将产生的能量传递出去才是它的任务。这种能量是实实在在的能量，这也是当之无愧的太阳，它所传出的能量被一根根神经运送到身体的各个部位，并向包围身体的空气中辐射出去。当对空气的辐射很强的时候，这个人就被称作气场强大，也就是有个人魅力。如果此人太阳神经丛的表现非常活跃，通过气场向身体的各个部分和他接触的每个人辐射出生机、能量和活力的时候，他会感到愉快，身体健康，并且身边的人都愿意和他在一起。如果这种辐射暂时停止，他就会感到心情压抑、郁闷不快，通往身体某个部位的生命力和能量暂时缺乏，这就是人类所有痛苦的原因，所有身体上的、精神上的、环境中的弊病。当人身体的某个部分被感染上疾病时，身体的太阳就不能产生激活它的足够能量，精神障碍根源于显意识的思考需要潜意识提供能量和活力，环境问题的出现就是因为它们破坏了潜意识和宇宙精神在气场中的联系。

而哈佛大学的威廉·詹姆斯教授也曾表示："根据最近的研究，通过转向超物质治疗或其他形式的精神哲学，产生了许多的新观念新方法。这些观念是健康乐观的，在影响个体健康方面发挥着各式各样的作用。只有健康的气场才能表现出这种能量，这种能量可以让人摆脱烦忧，转向快乐、友善、坚定和灵活。"

身体健康与否，取决于心智是否健全，气场是否强大，但人们往往忽略了这一点。记住，你不能总想着生病的事儿，否则你的意识就会被疾病占据。思想会通过气场影响身体状况，决定身体的状态是否健全健康。当一个人的大脑中总是一些混乱的想法时，他肯定是复杂的。同样，总想着生病的人不可能是健康的，因为身体的和谐状态已经被这些精神疾病所破坏。流水若全被污染，那么一定是从源头就被污染了；机体若出现全面衰退，原因一定出在思想和观念上。人体不同的器官，会受到不同类别的精神疾病影响。医学研究显示，极端的自私、贪婪和嫉妒会影响脾脏健康；憎恨和气愤会带来肾脏的疾病；脾脏和心脏也会因为严重的猜忌而受到损害。研究已经证明，有无数人的心脏问题，源头都是精神状态的失调。人们心里充满恐惧、担心和焦虑时，其心脏很快会做出相应的反应。

伦敦的斯诺博士也有类似的观点。他认为，那些患癌症的病人，尤其是乳腺癌和子宫癌都根源于精神的焦虑和紧张。克顿博士专门在《英国医疗学报》发表文章谈了焦虑引发黄疸病的问题。许多人因为长期的沮丧和担忧而特别易怒，精神失调对肝脏的影响最直接，巨大的精神打击，特别是长期的精神不正常，很容易引发黄疸病。著名作家默奇森博士说："人类难以想象有多少早期的肝癌患者都认为自己生病的罪魁是长期的悲伤和焦虑。这个数字大到不得不使人认为其中的关系绝非偶然。"不良的情绪也会影响皮肤的功能。查里森医生在《疾病的领域》中写道："精神过度紧张可能会引发皮肤的丹毒。这种体质易导致癌症、癫痫或其他精神狂躁症。"他还说："人类目前对导致生理疾病的精神因素的研究还是远远不够的！"

健康的气场能使人保持淡定从容

如果你懂得了气场的概念，你就明白健康的气场完全不同于骄傲自满。职场中或者生活中，有这样一类人，他们在大庭广众之下对他人表现出明显的敌视或者蔑视，既不尊重别人，也根本不在意别人对自己的看法。还有一种人，眉眼之间总是洋溢着和平的神气，沉着稳重，冷静睿智，但却具有一种吸引人的魅力。这两种人，后者拥有健康的气场，前者充其量就是骄傲自满、狂妄自大。

自满与加强自己气场从字面上看来，似乎都是对自身的情况感到满意时的反应，事实上内心的出发点和外在的表现给人的感受，却是截然不同的。那些态度骄横、言辞夸张的人，真的都是那么自信、骄傲？心理学认为，那些喜欢时刻表现自我的人，往往在心理上欠缺安全感、满足感或成就感，正因如此，他们迫切需要得到别人的赞美和赞叹，从而找到自信，证明自己确实如自己所希望和所幻想的那样不同凡响。骄傲、自满、目中无人，是一种反常的心理，不但给人极坏的印象，更是病态心理的表现。

管理学大师麦格雷戈曾提出赫赫有名的"X 理论—Y 理论"。根据他的理论观点，有些人是"X 理论"模式下的人，这些人的特征是：

1. 懒惰，尽可能地逃避工作；没有远大的抱负和追求，也不喜欢负什么责任，更喜欢被人领导的状态。

2. 个人目标与组织目标是矛盾的，为了达到组织目标必须靠外力严加管制。

3. 缺乏理智，不能克制自己，常常被他人的情绪、行为影响。

4. 为了满足基本的生理需要和安全需要，他们做的事情一定是在经济上能获得最大收益的。

而在"Y理论"模式下的人，其主要特征则是：

1. 他们不是不喜欢工作，工作中体力和脑力的消耗就像游戏和休息一样自然。工作可能是一种满足，因此他们是出于自愿去工作；也可能是一种处罚，因此只要可能就想逃避。到底怎样，那要看具体的环境如何。

2. 外来的控制和惩罚，并不是促使他们为实现组织的目标而努力的唯一方法。还有可能成为威胁和阻碍他们进步的障碍，并放慢了他们成熟的脚步。对于应该完成的目标，他们更愿意通过自我管理和自我控制来完成。

3. 他们的自我实现的要求和组织要求的行为是没有矛盾的。假如恰好有合适的机会，就能将个人目标和组织目标统一起来。

4. 一般人在适当条件下，不仅可以学会接受职责，还可以学会主动地求职。逃避责任、缺乏抱负以及强调安全感，通常是他们通过经验得出的结果，而不是与生俱来的。

5. 大多数人，而不是少数人，面对错综复杂的问题，都能发挥较高的想象力、聪明才智和创造力。

悲观的人，多是"X理论"模式下的人，他们对未来并不抱有任何希望。 他们对任何事情总是做最坏的预测，在观察人的时候，他们总是第一时间看到阴暗邪恶的一面，满肚子自私自利的动机。对悲观的人而言，社会上的人都是狡猾、颓废、邪恶的，他们总是想利用周遭的事物为自己牟利。 这群人既无法信赖，也不值得对其伸出援手。 当你将自己的计划告诉那些悲观的人的时候，悲观的人马上就会提出一连串有关这个计划的麻烦与障碍来动摇你，而且他还会告诉你，就算你完成了自己的计划，最后只会尝到苦涩、幻灭与屈辱。 经人这么一说，恐怕你已经心灰意冷，对自己的计划全身无力了。

悲观的人，也拥有悲观的气场。 这个气场就像是一场瘟疫。如果稍有不慎，你就会因此染上这种瘟疫，因为每个人的内心都有一种期待被唤醒、被引诱的"倾向"。

一般而言，悲观者是吝啬的。 因为在他们心中每个人都是贪婪的，而且总是千方百计想占人便宜，自己又为什么必须宽以待人呢？ 他们常常深怀嫉妒，从他们的语言中就能听出来。

相比之下，乐观者就单纯、朴实多了。 他们更愿意信任身边的人，也愿意涉入险境。 但他们也能察觉别人的恶意或缺点，只是他们没有把这些当成前进的障碍。 他们相信每个人都有优点，并努力唤醒别人的优点。

悲观者会躲在自己的壳里面，从不听别人的建议，认为别人都具有危险性。 相反的，乐观者关心别人，聆听别人的诉说，给别人时间，观察对方的所作所为。 如此便能够了解每个人的长处、优点，因而得以团结、领导众人，为了同一个目标而共同努力。 卓越的组织者、优秀的企业家，都离不开这种气场。

此外，乐观者也比较容易克服困难。 因为他们总是在探索解决问题的方法，在很短的时间内就能够把不利的条件转变成有利的条件。 悲观者则会因为一下子就看到困难而心生畏惧，不再愿意前进。 其实在很多情况下，只需要一点想象力，可能就会出现完全不同的局面。

任何一个能保持健康气场的人，无论应对什么情况都保持着淡定从容。 成功的人在碰到逆境的时候，也能保持沉着、冷静的心态，时刻准备着去找寻新的机会，以及了解和对付新的问题。

好气场带来好人缘和好的生活状态

对于刚刚走出校园步入社会的年轻人来说，绝对不会无缘无故就能立即得到别人的信任。 他必须发挥出所有力量来，在财力上建立坚固的基础，在事业上获得发展，并且逐渐拥有自己的事业。 然后，他那优良的品行、美好的人格会被别人发现，这样才能够让人们对他产生信赖，他也必定能走上成功之路。 社会交往中，人们最注意的不是那个成功者的生意是否兴隆，每天的财富进账多还是少；他们最注意的往往是那个人是否还在不断进步，他的品格是否端正，他有没有什么不良的嗜好，以及他创业成功的历史，他是如何通过努力一步步走到现在获得成功的。 换句话说，人们关注的是这个人是否有健康的气场。

要想获得他人信任，除了坦诚正直的美好品行，还要保持果断、理性的做事习惯。 资本雄厚的人，通常都是反应很快、办事效率很高的人，极少会是做事优柔寡断、头脑不清、缺乏敏捷的手腕或者果断的决策能力的人。 日常交往尤其是职场社交中，给人留下良好的第一印象将对你很有帮助。 第一印象好坏与否，首先看你能否呈现出令人愉快的感觉。 无论你内心中是否对别人存在好意，但如果人们从你的脸上看不到一点快乐，那么任何人都不会对你有好感。

任何事业要成功都需要持之以恒，同样，要获得别人的信任也是如此。 要坚持一直保持良好的态度，千万不能今天扮了一天笑脸，明天就难以自制而故态复萌，暴露你的粗俗与急躁。 一个志向高远、决心坚定的人，做任何事情都有始有终，而不会半途而废，否则，这样的人是不会得到大家的信任的。

所谓的心性，其实就是一个人的善恶成分，好与坏，对与错，如何判断自我与外界关系的一种综合反映。 心性的外在表现，代表着人的品行。 心性最主要、最直接的反映，就是通过气场对他人施加影响。 心性健康的人，会注意到阳光、友情、温暖，能在生活中找到乐趣和欢乐，他们不缺乏自我安慰的办法，还具有一定的规避风险的能力。 在这个自然的层面上，好心性的人，会把日子过得舒畅，就算遇到挫折，也能及时做出调整，能较自然地处在一种对事物的全面理解中。 而心性糟糕的人，生活中的麻烦事总是接踵而至，总是事多，往往处在不畅顺中，内心黯淡，日日阴郁。 这种人，也是过分自利的人，人在过分自利的状态下，本身就有一种艰难的情绪，会被负担压得喘不过气。 心性丑恶的人，自然常常存有不好的念头，产生的想法总是害人又害己的，容易走入偏狭，自身也会产生郁闷，步入迷途，常与谬误为伴而不自知，而他的气场也是阴郁、低沉的。 这样的人，就是不做什么事，也已经活得很累，生活中肯定开心不起来。

心性自然是指人的内心，有的时候自己也不是非常清楚自己的心性。 好的心性与坏的心性，有的时候也没有十分明确的界限，但它却明明白白影响着一个人对事物和生活的整体看法，指导着人的每一个行为，与人的喜怒哀乐各种情绪密切相关。 人生的幸福与不幸，一生的路途是平坦还是坎坷，甚至你到底能做多大的事，你的成功与失败，在长时间的过程中，往往都取决于你自己的心性能否和自己的气场达到一种和谐的状态。

所以心性首先是一个人自己的事情，因为它直接关系着自己的命运和实际生活状态，其次才体现出影响他人与社会的那个外部品行——道德。

为了自己的幸福与命运的畅顺，人应该时刻注意让自己保持良好的心性，有意地通过修炼心性，调节气场能量，积累成功的基因和条件。

第六章

气场是成功者的秘籍

聚集气场，走向成功

气场具有感召力、影响力、吸引力和说服力，由此可见气场的重要性，那么人们应该如何发挥这些力量，将其汇聚在一起形成合力，让它的力量发电灌溉呢？ 人们要充分发挥气场的作用，首先应该先明白驱动气场力量的动机。

动机产生力量。

莎士比亚说过，那些强烈的行动都是在强烈的动机下产生的。动机是推动人从事某种活动，并朝一个方向前进的内部动力。 也许你已经拥有强大的气场，但如果你没有足够的动机来推动这个强大气场，那么这个强大的气场也就不能推动你走向成功。 你能量满满的气场就像一个装满了油的发动机，但你还需要点火器点燃这一团火花——这就是动机。

就像气场一样，动机也是因人而异的，但它还是有规律可循的。 一般而言，人的动机大体上有 5 种。 这 5 种动机又可以大致分为生理性动机和社会性动机。 生理性动机源于生理需要，例如饥饿、口渴、睡眠等基本的生理需要。 社会性动机又称心理性动机，它源于社会性需要。 社会性动机能产生驱动气场的能量，因为社会性动机往往能够更深刻地作用于每个人的头脑，引发人们进一步思考如何恰当地使用气场。

1. 成就动机
个体在完成某种任务时力图取得成功的动机就是成就动机。

千差万别的环境和性格造成每个个体的成就动机都是不相同的，每个人都有自己的原因想要成功，但从自身而言，成就动机水平是相对稳定的。 成就动机最能激发气场能量，因为它具有极强的社会性。

2. 交往动机

交往动机指个体愿意与他人接近、合作、互惠，并建立深厚友谊的动机。 人是社会性的动物，都有和别人交流、交往的需要，同时需要获得社会的认同，都希望得到别人的关心、帮助、支持、合作和赞赏。 即使再强大的气场，如果封闭自己不与人交流，不在一个大气场之内与其他气场和谐共存的话，那么这个气场的能量会减弱，气场的气势也会逐渐衰弱，拥有这个气场的人也很难获得自己渴望的成功。

3. 工作动机

工作动机指的是能激发出一个人积极投入到某项工作中去的动力，即努力、认真、创造性地完成工作，经过这些努力使自己的动机更加完善。 工作动机是最常见的动机之一，在工作上取得成功是人们普遍的目标。 工作动机能直接提高气场的能量，可以说是日常生活的能量加油站。

4. 权力动机

权力动机是指人具有某种支配和影响他人以及周围环境的内在动力，也是人们对支配地位的迫切渴望。 每个人基本都有权力动机，只是程度不同，各自的表现方式也有很大的差异。 当一个人的权力动机强大起来的时候，周围的气场就会不自觉地被这种强大的气场吸引、融合、覆盖，在自己力所能及的范围内建立自己的小型生态圈，渐渐地这个人的气场就能成为各气场的核心。

5. 自我赏识动机

人都有进行自我评价、自我肯定的动机。当人们专注于某件事情时，总会受到外界的一些反馈，无论这些反馈来自什么地方、什么人，是正面反馈还是负面反馈，但是自我总是希望获得赞赏。通俗地说，自我赏识动机就是对个人自尊心的满足。

关于动机、气场和成功的关系，下面这个事例可以稍加说明。

1946年，约翰·史密斯28岁，那时他是一家小肥皂厂的负责人，占有厂里25%的股份。到了1950年，史密斯32岁时，原本和他一起合伙的负责人死于一场意外事故。史密斯用自己所有的积蓄加上借来的100美元从合伙人家属手里买下了合伙人的股份，于是他理所当然地成为肥皂厂的最大股东。在掌握控股权后，史密斯对肥皂厂进行了设备改造，大胆地引进了全新的洗衣粉生产设备。由于洗衣粉去污能力要强于肥皂，与肥皂相比使用也更加方便，很快便打开了市场，销量成倍增长。史密斯于是因势利导，将原本以肥皂为核心的生产小厂改造为重点生产洗衣粉的工厂。很快，他便赚得一大笔钱，但他并没有因此而停止公司扩张的脚步，而是不断地扩大公司的规模。

一开始，史密斯发展公司的主要方式只是增加洗衣粉的生产量，这种简单扩张的方式在短期内的效果非常显著，但很快，从长远来看却不能使公司持续发展。这时，史密斯又审时度势，扩大公司产品线，同时扩充了其他几种宝洁产品。很快，公司的新产品又打开了销路。而这时，时间已经是 1960 年了，史密斯 42 岁。然而，他并没有因为年龄增长就停止对公司的改造，和其他许多美国公司一样，史密斯的公司走向了垄断。许多小公司被他的公司兼并收购，史密斯的保洁公司成为美国保洁行业的巨头之一。这时，史密斯依然没有停下自己的脚步，而是开始把产业链扩展到其他领域，例如石油等重点行业。终于，在 20 世纪 70 年代，史密斯成为美国的大富翁之一。

约翰·史密斯的成功在美国并不是独树一帜的，他和众多相似的成功者无一例外都体现出一个共同的特点，那就是事业发展离不开保持高水平的成就动机。高水平的成就动机驱动着这些人乘胜追击，不会犹疑、彷徨。他们的气场成熟而强大，总是保持最好的强大姿态参与到竞争中去。保持成熟而强大的气场就能不断增加成就动机，能形成一个良性的循环来支持事业上的成功。

体察大气场，适应中气场，顺势发展自己

曾经被誉为比尔·盖茨接班人、微软新大脑的雷·奥兹是微软前首席软件架构师，和比尔·盖茨一样，业界把他当成技术领域的先知和天才。作为一个天才，他认为自己的成

功源自于努力奋斗。

在奥兹看来，根据马尔科姆·格拉德威尔（Malcolm Gladwell）的畅销书《异类》中提出的"一万小时法则"认为，他和比尔·盖茨能成为电脑方面的专家也需要一万小时的投入。奥兹和比尔·盖茨都出生于 1955 年，他们开始接触计算机的时间也差不多。"我和比尔几乎同时接触计算机，都是从高中一年级开始使用通用电气公司的分时计算机。"高中期间每星期有 20 小时投入到计算机，暑期和大学期间每周投入惊人的 60 小时，因此截至大学二年级时已经累计了一万小时。"而这个时候其他的 PC 行业爱好者才刚刚起步。"奥兹说。具有相同经历的还有 Unix 和 Java 程序的编写大师比尔·乔伊。当他修读完研究生课程时，他的编程经验已经累计达到一万小时之多。

不仅仅在高科技领域，这个法则在其他领域也同样适用。以世界上最知名的披头士乐队为例，曾经德国汉堡酒吧就是他们的演出地点。从 1960 年至 1962 年，披头士一共五次到汉堡演出。第一次，他们演了 106 个晚上。第二次，他们演出 92 场。第三次，他们一共演了 48 场。在 1962 年 11 月和 12 月，披头士一共演出了 90 个小时。将这些全部累积起来，他们在一年半的时间内演出了 270 个晚上，多达一万多小时。

气场是无处不在的，它不仅仅影响着个人的命运，还对社会和历史的走势有深远影响，因此，每一个个体的成功都不能摆脱笼罩在之上的大气场的影响。 回过头来看看，在这些天才的成功之路上气场扮演着怎样的角色。

　　无论是比尔·盖茨，还是比尔·乔伊，他们都不是刻意地让自己达到一万小时的练习时间。 20世纪70年代，当世界还对电脑非常陌生的时候，他们就已经沉浸在编程"游戏"中了。 比如比尔·乔伊，他就很偶然地在密歇根大学读书，这所大学"恰巧"是美国率先购买电脑终端的学校之一。 以前没有电脑终端，程序员要在纸卡片上编码，然后排着队按先后顺序在主机上测试。 有了终端，十几个人可以同时上机编程。 但是终端的使用费用（按时间计算）当时还是很贵，学生们平均一学年也只有几个小时的上机时间。 "恰巧"学生们发现了主机的一个编码漏洞，那就是当你在需要的时间后面加上一个字母 k，你上机编程的时间就没有限制了。 于是比尔·乔伊又这样巧合地开始无限使用编程终端。

　　比尔·盖茨身上也发生了很多"恰巧"的事情，"恰巧"他所在的那所私立学校非常有钱，"恰巧"那所学校有足够的远见，在电脑俱乐部摆放着购买来的电脑终端作为工具，而且母亲们更是"恰巧"凑钱买了终端时间让小孩们玩。 于是比尔·盖茨在高中毕业时就累积了多达几万小时的编程经验，这也是一种"恰巧"。

　　这么多的"恰巧"，绝非简单的偶然现象。 还有一个最大的"恰巧"没有提到，那就是这些电脑天才们正好处在电脑个人化、小型化的变革时期，当他们正式踏入这一领域的时候，电脑的硬件设备能够让他们完成编程的工作。 1981年8月12日，IBM公司推出了个人电脑5150。 从此开始，历史舞台上产生了一个全新的气场。 在比尔·盖茨学习编程的年代，这个气场还很弱小，只在北美大陆的天空中闪烁着点点星光；当他们登上舞台时，这些星光逐渐汇聚成了大大小小的光晕；而现在这个气场已经笼罩全球，虚拟出一个新世界。如果他们的个人气场与这个大气场不合，很多人仍然可以通过努力获得成功，但却无法与现在的发展水平相媲美。披头士如果不是演奏摇滚乐而是去练习古典音乐，也许他们会是优秀的古典音乐大师，但不可能获得今天这样的全球影响力。

体察大型气场，适应中型气场，并顺其自然地发展自己的小型气场，你就能赶在别人之前占据有利位置，引领时代的发展浪潮。

气场能创造奇迹

气场的力量不仅能让你战胜对手，还能引领时代的发展方向，更能在你处于绝望之中，觉得希望渺茫的时候，为你带来人间最宝贵的奇迹。在这种时刻，你赢得的不是一份合同、一笔金钱，这时你拥有的是全世界。

一个8岁的孩子听到她的父母正在谈论她的小弟弟。从父母的谈话中她知道弟弟得了很严重的病，但是，家里很穷没钱治病。他们正准备搬到一所小一点的房子里去住，因为在支付了医药费之后，他们付不起现在这所房子的房租。现在，能救弟弟性命的唯一办法就是通过手术。但是，这种手术费用极其昂贵，而家里再也借不到一分钱了。

爸爸绝望地低声对眼中含泪的妈妈说:"现在,孩子的命就在上帝手中了。"小女孩听到这句话,回到自己的卧室里,拿出自己心爱的小猪存钱罐,把里面的零钱全部倒在地板上,仔细地数了数,又将钱放回了存钱罐中。

她将这个宝贵的储蓄罐紧紧地抱在怀里,瞒着父母从后门溜出家,走过6个街区,来到当地的一家药店里。她从她的储蓄罐里拿出一个25美分的硬币,郑重其事地将硬币放在柜台上。

"孩子你需要什么?"药剂师问。

"我是来为我的小弟弟买药的,"小女孩回答道,"他病得很厉害,我想买一个奇迹来救他的命。"

"你说什么?"药剂师大惑不解。

"他叫安德鲁,他的脑子里长了一个东西,我爸爸说只有奇迹才能救他。那么,买一个奇迹需要多少钱呢?"

"孩子,我们这里不卖奇迹,恐怕没办法卖给你了。"药剂师同情地对小女孩说。

"听着,我有钱买它。假如你觉得这些钱不够买一个奇迹,我可以想办法再多弄些钱。只要你告诉我它需要多少钱。"

此时,药店里一位穿着很讲究的顾客听到了他们的对话。他俯下身,问这个小女孩:"你的弟弟需要什么样的奇迹?"

"我不知道,"她抬起泪光闪烁的双眸看着他,"他得了很严重的病,妈妈说他需要做手术。但是家里没有钱支付手术费，所以我把攒下来的钱全都拿来买奇迹了。"

"那你一共攒了多少钱?"那人问。

"一美元十一美分，但我还会想办法弄更多的钱。"她的声音轻得几乎听不见。

"噢，你的钱正好能买一个奇迹，"那人微笑着说，"一美元十一美分——这正好是为你的小弟弟购买奇迹的钱。"

他一只手接过她的钱，另一只大手牵起她的小手。他说："现在你带我去你家中。我想看看你的小弟弟，见见你的父母。去看一下我能不能成为你买来的奇迹。"

这位收下一美元十一美分去小女孩家的人就是著名的神经外科医生卡尔顿·阿姆斯特朗。他为小姑娘的弟弟进行了高难度的手术，并且手术费用全部免费。术后没多久，安德鲁就回家了，而且很快恢复了健康。

"那个手术，"她的妈妈轻声说，"真是一个奇迹。到底需要多少钱才换来了这样的奇迹?"

小女孩微笑着，她知道这个奇迹的确切价格：一美元十一美分，还有无比坚定的信念。

气场创造奇迹的力量不仅来自能量的大小，并且与能量的状态和性质息息相关。 故事中的 8 岁小女孩甚至连什么是"奇迹"也不懂，但纯真善良的她爱父母，爱弟弟。 她的心中有一个坚定的信念——一定要救活弟弟，因此她拥有一个小小的奇迹气场。 虽然不像丘吉尔和斯大林的气场一样强大，也没有比尔·盖茨令人羡慕的幸运气场，但是这个气场散发着来自内心的爱和信念。 这个故事有一个让所有人意外的美好结局——小女孩用"一美元十一美分"换取了她所需的"奇迹"。 小女孩的奇迹气场让人们赞叹，也让人们相信，只要心怀希望，相信自己的气场，就有机会创造奇迹。

气场的强大程度决定了你能成就怎样的事业

　　一个长年在农场里劳作的工人和一个外表光鲜的高级白领给人的印象是不同的，这种差别就源自于二者不同的气场。

　　在美国，靠长期领救济金生存的穷人也有很多，当你第一眼看到他们的时候，你会发觉他们的眼中充满了无助和迷茫，他们的气场力量非常衰弱，不但不能影响别人，反而还要靠别人的气场来供给能量。

　　但如果一个生活窘迫的穷人一夜暴富，比如买彩票中大奖了或者无意中得到了某笔可观的遗产，那么这个人两眼所放射出的光芒，会燃起人们对生活的希望，此刻，他的身体便会充满力量，就算还是穿着破破烂烂的衣服，也会让人们感到他与众不同。 这是因为财富给了他极大的信念，让他拥有强大的气场能量。

　　每个人都拥有十分强大的气场能量，但是如果缺少必要的外界刺激，这种能量常常被人们忽略。

　　一位农夫在粮仓面前注视着一辆轻型卡车快速地开过他的土地。开车的正是他自己14岁的儿子。由于年纪还小，孩子还没有到考驾驶执照的年龄，但是他对汽车很着迷，似乎已经能够熟练操作一辆车子，因此农夫准许他在农场里开这辆客货两用车，但是绝对不允许上路。突然间，农夫眼看着汽车翻到水沟里去，他大为惊慌，飞奔到出事地点。他看到沟里有水，而他的儿子被压在车子下面，躺在那里，整个身体基本上都被淹在水里。

根据媒体的采访记录，这位农夫并不很高大，他有 1.7 米高，70 千克重，但是他毫不犹豫地跳进水沟，把双手伸到车下，将压在儿子身上的卡车抬了起来，足以让另一位同样跑来援助的工人把那失去知觉的孩子从下面拽出来。

当地医生很快赶来了，给孩子检查一遍发现，只是擦破了一点皮，其他毫无损伤。这个时候，农夫却开始觉得奇怪起来了。他跑去抬车子的时候完全没有顾及自己的力量大小，出于好奇他就再试了一下，这次那辆车子一点都没动。

儿子危在旦夕的外界条件激发出了农夫的潜在能量，这就是一种气场能量，每个人都具备自己所不知道的巨大的气场能量。通常情况下，这些气场能量被潜意识隐藏，需要某些外部刺激才能激发出来。

很多时候人们不知道自己可以主动地激发出这些气场能量，而成功人士、伟大的人与平凡人的一个最大的区别就是，成功者会有意识地挖掘开发自己的潜在能量，使自己时刻都充满着强大的气场能量。

林肯小时候是一个非常穷困而脆弱的孩子，但那个时候的他已经意识到了自身的潜在能量。

圣诞节的前夜，史密斯先生在自家鞋店玻璃橱窗前发现了一个穷小子，穿着破破烂烂的衣服，脚踩着一双早已"千疮百孔"并极不合适的鞋子，眼睛一直看着橱柜里摆放的全新的漂亮鞋子，眼神里饱含着一种莫名的希冀。这就是当时只有八九岁光景的林肯。史密斯先生问林肯："你需要什么吗？"林肯回答："我多么渴望上帝送我一双精美的鞋子。"面对林肯的要求，史密斯先生没有接纳其夫人的建议——直接送给林肯一双鞋子，他只拿出了最好的一双袜子给他，并告诉林肯："孩子啊，真对不起，你要一双鞋子的要求，上帝不能满足你，他说，不能给你一双鞋子，而只能给你一双袜子。"

年幼的林肯脸上流露出了失望与伤心的表情，史密斯先生边用温水给他洗脚，边给林肯说了一番让他终身受益的话："孩子，遇到困难，不要只想着从上帝那里获得恩赐，因为，他不可能给予我们现成的好事，就像在我们生命的果园里，每个人都希望能大丰收，但是上帝只能给我们一粒种子，只有把这粒种子播进土壤里，并且一直用心栽培、浇水，它才能开出美丽的花朵，到了秋天才能收获丰硕的果实；也就像每个人都追求宝藏，但上帝没有直接赋予财富给我们，要想获得真正的宝藏还需要我们亲自去挖掘。就像这双鞋子，如果你认定它是属于你的，那你就想办法把它拿走，但是不要等上帝施舍给你。无论现在你多么穷困，你要知道我该得到的一定是我的，这样你身边就会充满一个强大的气场能量，你就不会再自卑，也不需要看着别人的脸色行事。就拿我来说吧，我小的时候多么渴望上帝能赐予我一家现成的鞋店，可上帝只给了我一套做鞋的工具，但我始终相信拿着这套工具并好好利用它，我就能拥有自己的鞋店。二十多年过去了，我做过擦鞋童、学徒、修鞋匠、皮鞋设计师……现在，这条街上最豪华的鞋店就是我开的，而且拥有了一个美丽的妻子和幸福的家庭。因为我始终坚信，我就是为鞋店老板而生的，即使在我擦皮鞋的时候，我也会告诉自己，我是鞋店的开创者，我擦的皮鞋就要比别人好，因此，我逐渐地有了这样的财富。孩子，你也是一样，你坚信这双鞋的主人就是你，你就一定能得到它。"

林肯低头沉思了一会儿，想了想说道："我决定给你擦皮鞋一个星期，得到我想要的鞋子。"林肯说完，眼中充满了自信，他认为这鞋子是自己能够得到的，用不着别人的施舍。史密斯说："孩子，我从此刻起已经感受到了你的气场能量，现在这双鞋就属于你了，拿去吧。"

从此以后，林肯无论多么困难，都坚持保持自己强大的气场，并且很注意挖掘自己潜在的气场能量。史密斯先生的一番话，对林肯的一生都有重要的影响，30年过后，他成为美国历史上最有名的总统之一。

在每个人的生命中，都会担心自己完不成某项工作，因而会画地自限，使无限的潜能只化为有限的成就。这就是因为没有充分激发自己的气场能量。

下面故事中的两个推销员就是两种典型代表。

有两个人，一个人觉得自己就是一个推销员，不会有什么大的成就，所拥有的人缘也是底层的客户，每天做的事情仅仅只是走街串巷推销产品，最后挣了两万元；另一个人觉得一定要改变自己的现状，他看了很多名人传记，觉得自己能够像那些名人一样成功，虽然他没有接受过高等教育，可是他认为爱迪生学历不高，却成了最伟大的发明家，所以他花了一年时间设计并发动了一次技术改革，这一举动，给公司带来了两千万的纯利润。

两人不同的命运源自于不同的气场能量，第一个人把气场自我限定在普通业务员的身上，盲目地工作。尽管他很勤奋、自觉，完成了自己的工作任务，达到了上司的基本要求，但他的气场还可以深挖，然而他始终没有进一步深入开发。而另一个人尽管起步和第一个人是一样的，但他认定自己能成为一个伟大的人。一年中他在工作时不仅动手，而且动脑。他意识到自己有成功的希望并潜心去发展它。

很多人常常在自己生活的周围筑起界限，有的甚至不是自己的本意而是身边的人强加给他的，也有些是自己强加的。结果，他们因为缺乏自信心，所以难以发挥自己的潜能。正因为这样，多数人在生活中表现的气场与自己从事的职业密切相关，因为每个人都给自己设定了一个心理界限。比如，面前同时站着一位农民和一位企业家，他们给人的气场感觉就是有区别的。其实，这种气场是可以改变的，那就是打破社会和自我强加的界限，改变自己的气场，身份和地位也很快就会改变了。气场的强大程度决定了你能成就怎样的事业。

成功者具有强大的气场

被人们称为"全球第一 CEO"的美国通用电气公司前首席执行官杰克·韦尔奇并不是天生就是个奇才，但是凡是见过韦尔奇的人都说他身上有一种强大的气场，能对他人产生很大的影响。韦式成功定律可以有千种分析方式，但是却万变不离其宗，他的成功与大多数成功者一样，源于小时候就被母亲训练出的强大的气场，因此，和众人同时竞争某一样东西的时候，韦尔奇总是显得与众不同。

韦尔奇从小就患有口吃症，说话口齿不清，经常弄得人哭笑不得。韦尔奇的母亲想方设法将儿子这个缺陷转变为一种激励。面对儿子经常闹的笑话母亲鼓励道："这是因为你太聪明，没有任何一个人的舌头可以跟得上你这样聪明的脑袋。"于是从小到大，韦尔奇从来没担心过口吃症会阻碍自己的发展。因为他从心底相信母亲的话：没有人的大脑能跟得上他的舌头。在母亲的鼓励下，口吃毛病没有成为韦尔奇发展的障碍和忧虑，而且注意到他这个弱点的人大都对他产生了某种敬意，因为他竟能克服这个缺陷，成为商界的杰出人才。美国全国广播公司新闻部总裁迈克尔就对韦尔奇十分敬佩，他甚至开玩笑说："杰克真有效率，我甚至希望自己也像他一样是个口吃。"

韦尔奇的个子不高，热衷于各类体育运动。小时候，他经常头戴球帽，手拿球棒与棒球，全副武装地走到自家后院。"我是世上最伟大的打击手。"他总是先这样告诉自己，便将球往空中一扔，然后用力挥棒，但却没打中。他没有因此而沮丧，继续将球拾起，又往空中一扔，然后大喊一声："我是最厉害的打击手。"他再次挥棒，还是没有打中。他愣了半晌，然后仔仔细细地将球棒与棒球检查了一番。之后他又试了第三次，他依然自信地对自己说："我是最杰出的打击手。"然而第三次还是没有成功。这时候，突然听到妈妈的赞美声："哇！你真是一流的投手！"韦尔奇听后信心大增，认定自己是一流的棒球投手。这项运动，是他一生喜欢的体育运动。

　　读小学的时候，他想报名参加校球队，于是就把这个想法告诉了母亲，母亲便鼓励他说："你想做什么就尽管去做好了，你肯定是最棒的！"于是，韦尔奇参加了球队。当时，他的个头只有其他队员的3/4高。然而，由于充满自信，韦尔奇根本没有意识到自己和别人在身高上的差距，以至几十年后，他是在翻看相册中与队友的合影的时候，才恍然明白自己竟然是球队中身材最矮的一个。

　　在学校球队的这段经历对韦尔奇来说意义重大。他认为自己的才能是在球场上培训出来的。他说："这些都成为我强大自信的铺垫和基石。"在整个学生时代，韦尔奇的母亲都是他最忠实的支持者。所有亲戚、朋友和邻居几乎都听过一个韦尔奇母亲告诉他们的关于她儿子的故事，并且每个故事都有一个共同的结尾，她都会说，她为自己的儿子感到骄傲。

因此，韦尔奇一直认为自己是优秀的，并且能对他人产生影响，青少年时期的韦尔奇尽管拥有生理缺陷，但无比的自信气场让他坚信自己比别人更强大。

在培养他的自信心的同时，母亲还对他讲了这样的道理：人生是一次没有终点的奋斗历程，你要充满自信，一时的得失成败不代表什么。正是这样的意识，使他在健康、快乐、积极的气场中成长，同时也成为他日后取得成功的重要因素。

气场对一个人的发展所起的作用是不可忽视的，成功者都是因为培养出了自己强大的气场，因而才能从普通人中脱颖而出，从而改变自己的命运。

古希腊著名的演说家德摩斯梯尼自身条件非常不适合演讲，因为他连基本的吐字清晰都做不到，而且思维混乱，所以他在一次遗产争夺中，因吐字不清、思维混乱而辩论失败，从此他立志要成为一个著名的演说家。尽管先天条件上他是处于劣势的，但是他还是觉得自己就是一个伟大的演说家，他演讲水平还没有提高，而演说家的气场却是很强大的。根据普鲁塔克的记载，德摩斯梯尼最初的政治演说是很不成功的。由于他发言不清，论证无力，听众甚至吵嚷着将他赶下台去。失败并没有使他气馁。他刻苦读书，锻炼自己的逻辑思维能力。据说，他把修昔底德的《伯罗奔尼撒战争史》抄写过8遍。他请著名演员传授朗读的技巧和方法。为了练嗓子，改进发音，他把小石子含在嘴里朗诵，甚至迎着大风和波涛大声说话。为了改掉自己说话时喜欢耸肩的坏毛病，他在头顶上悬挂一柄剑，以此强制自己改掉讲话时的多余动作。德摩斯梯尼的每篇演说词都是经过精心雕琢的。他的每一次演讲都是精心准备的。他认为，精心准备演说词的人是民主派的朋友，而认真的态度是对民众的尊重。他的著名政治演讲为他建立了不朽的声誉。

德摩斯梯尼的成功首先是因为他具备了强大演说家的气场，然后再不断地锻炼自己的演说能力。尽管刚开始的演说失败了，但是在他心里的确已经认为自己是一名优秀的演说家了。演说家必须要具备用自己的强大气场来影响观众的能力。

所以一个成功者，首先要对自己能成功充满信心，才会具有成功者的气场，才能披荆斩棘，一路走向成功。通过后天的努力培养是可以形成这种气场的，比如，上面所举的韦尔奇和德摩斯梯尼的例子。

但是也有一种成功者，从小就能看出其在某方面特别有天赋，因而具有在这个领域做事的强大气场，取得巨大的成功。

以比尔·盖茨创业为例，他的学校是世界名校，但他选择了退学，这样的选择对他而言，是不是风险很大的一种选择呢？

不，对于这个问题不妨换个角度来思考，他之所以愿意抛弃名校的高学历，就是因为他坚信自己的事业是一定能成功的，这就是他的强大气场能量才能产生的自信，比尔·盖茨创业的时候，已经被同学认为是一个计算机天才了。因为他掌握的技术比当时最先进的公司还要强大，和他一起创业的人都坚信跟着比尔·盖茨肯定能成功，这时候的比尔·盖茨就有一个强大的气场来影响着他的创业伙伴，只不过是以技术人才为主。

比尔·盖茨也深知一点，只有技术的创业不能长远，还需要管理和销售人才，所以他请来了自己的同学鲍尔默，鲍尔默在演讲的时候经常挥动双臂，可谓是激情四射，他的每一个动作都影响着微软人，许多经理人都会刻意学习鲍尔默的讲话方式。鲍尔默身上所具有的强大气场也影响着微软的士气，所以，在比尔·盖茨看来他才是 CEO 的最佳人选。鲍尔默和比尔·盖茨的强强联合成就了微软的影响力，比尔·盖茨的气场让一大批技术专家汇聚于此，而鲍尔默的气场可以影响管理层和销售层的骨干。可以说是这两个人强大气场的结合缔造了微软帝国。

比尔·盖茨小时候就对计算机非常着迷，熟悉他的人都认定他是计算机方面的专家，从小就散发出与众不同的气场，同样他对自己的定位也是技术专家，所以他只做微软的技术工作，而管理层面的事情就由鲍尔默负责。鲍尔默在学生时代表现出了在人际交往和演说方面的天赋，他对自己的定位就是企业管理，因此，鲍尔默的成功也源于他自身的气场特质，也正如此，比尔·盖茨才把他请过来做管理。两个人的气场能够完美地结合，使微软的文化深入到世界各地。

成功者善用气场感染他人

一粒沙子，会很不起眼，但正是一粒粒的沙子，才堆积出了一望无垠的沙漠；如果这粒沙子离开了，并且所有沙子也离开，那么，就不会有大沙漠了。 沙子和沙子在一起，就形成了一个沙漠的气场。

一个成功者不但善于运用自己的气场，更知道如何用自己的气场去感染别人，形成一个更加强大的气场合力。 这时候这个成功者就会变得魅力十足，因为他用自己的气场感染着身边的人，一个人的精神通过这种气场传染给其他人，这样就形成了一个强大的蝴蝶效应，自己散发出的气场能量就在无形中被放大很多。

中国的企业家马云是一个非常传奇而成功的商人，他最大的优势就是善于发挥自己的气场，把这个气场传递给每个人是他成功的秘诀。领导者用气场来传递精神鼓励自己的员工，这特别有利于加强团队的凝聚力及合作精神。马云在回忆自己创业经历的时候说："多年前，在长城上，我和同事们产生了要创办全世界最伟大公司的想法，我们希望全世界只要是商人就一定要用我们的网络，我们的这种想法，被很多人认为是疯狂的。这些年里一直有很多人认为我是疯子，但是不论别人怎样看，我要创办全世界最伟大的公司的梦想从来没有改变过。1999 年，我们提出要做 80 年；在互联网最不景气的 2001 年和 2002 年，'活着'是我提到频率最高的一个词。如果全部的互联网公司都死了，而我们还活着，那么我们就赢了。我永远相信只要永不放弃，我们就有实现梦想的机会。我始终都抱着坚定的信念，这世界上只要有梦想，只要不断努力，只要不断学习，就有成功的那一天。今天很残酷，明天更残酷，后天很美好，但是很多人熬不过明天晚上，见不到后天的太阳，所以每个人都不要放弃今天。"

马云的言谈中传递出的是他强大的气场，他把这种气场作为一种企业文化，传播给每一个阿里巴巴的员工。因而整个阿里巴巴内部的气场就很强大。

任何一个成功者，磨难和辛酸都是成功路上必不可少的经历，但是有的人在最困难的时候，还能吸引很多人对他不离不弃。比如戴尔电脑，这个企业曾经在最困难的时候，连续 3 个月发不出工资，但是戴尔的创业团队没有因为工资问题而产生矛盾。戴尔身上就有一种强大的气场，不管他处在顺境还是逆境，他都能够以一个成功企业家的气场来感染自己的团队，并且用团队的气场进一步感染客户。

对于一个成功者来说，只有具备了强大的气场才有可能取得成功。试想下，当你跟着一个对自己都没什么信心的人创业，他自己就是有气无力的，更别提感染团队了，你对他的前途也一定充满了悲观。有的人跟着一个团队做事，不管成功还是失败，也不论工作多么辛苦，只因为领导者身上强大的气场。

尤其是刚刚创业的公司，气场能量的利用显得更加重要。所以刚创业的企业，几乎是用宗教式的洗脑来团结员工的。很多企业都会告诉员工，在这里工作前途多么的光明。对于新入职的员工也会进行一系列的培训，企图用一种精神、一种文化形成的强大的气场来影响员工、团结员工。但是，对于一个长久发展的企业而言，只为员工勾勒美好的发展蓝图，并不足以显示出一个强大的具备吸引力的企业气场。如果企业的领导人不具备优秀的人格，也散发不出强大的气场能量，那么再好的前景对员工来说都是虚无缥缈的。

日本著名的企业家，软银公司的创始人孙正义在最初创业的时候，曾经有过这样一段经历。当时的他只有两名员工，他为了笼络这两名员工，就站在办公室里一个装苹果的箱子上，对员工充满激情地说了下面一段话："公司营业额5年要达到100亿（日元），10年要达到500亿（日元）。长此以往，我们要把公司做到营业额像豆腐一样一丁一丁（日语中'丁'和'兆'同音）的！"

老板发此豪言壮语，两名员工没有作出任何反应，可是每天听这样的话，他们就有点受不了了。不久，员工们都主动离职了，他们对狂热的孙正义不抱希望了。

因为在员工看来孙正义只是在勾勒一种无法实现的梦想蓝图，此时员工还没有感觉到这个24岁的小伙子那惊人的领导魅力。孙正义的人格无可挑剔，从而具备强大的气场，但是，24岁的他还没有对员工充分展现出来。因此，那两名员工把他当成只会说大话的疯子。

一个成功者想做出一番事业，不仅仅需要美好的前景规划，还需要自身强大的气场来团结骨干员工，这就要看自己的人格魅力了。

美国著名成功心理学大师拿破仑·希尔博士有句名言："那些让人钦佩的优秀人格才能产生真正的领导能力。"这个人格就是强大的气场。 人格或个性，美国人格心理学家奥尔波特对它有过这样的定义，是指"决定人的独特行为和思想的个人内部的身心系统的动力组织"。 人之所以不同于他人就是因为自己的精神素质及心理特征，即人格，它由动机、需要、信仰、价值观、能力、气质、性格等要素构成。 人的活动效率高低直接由能力大小来决定，能力是使活动顺利完成的个性心理特征，它是人格的重要构成要素，也是人格的支撑，能力高低还能彰显出人的个性。 领导者如果没有超越一般人的能力，他的人格也是平庸的。作为领导，必须具备智慧、幽默、乐观、进取、正直、公平、宽容、有爱心等个性品质，才能将身边的人吸引在你的周围，凝聚在你周围，创造出和谐的、温馨的、能让人信赖的良好氛围，并以此来激励下属潜能的发挥，不断提升办事效率。只要领导者用爱心和榜样的力量去感化人，用尊重和理解的方法去帮助人，用能力和积极的品格去影响人，主动创造更多的机遇和舞台去吸引更多的人，那么，他就一定会成为一个有着强烈的吸引力和感召力，同时非常受下属喜爱和拥护的领导。

这样的人物就会拥有一个强大的气场。纵观各国的领袖人物都有这样的气场，美国的华盛顿、法国的拿破仑、印度的甘地，他们身上的气场能感染自己的国民，一种接近完美的人格力量，使接近他的人尊敬他，即使远离他，也依然崇拜他。

利用吸引力增强气场

在西方有这样的说法：世界上大多数财富仅仅掌握在 1% 的人手中。如果这就是事实，你是否想过究竟是什么原因导致这 1% 的人能够拥有世界上大多数的财富。如果你盲目地认为这只是意外，那只能说你的想法太肤浅了。真正的原因是这 1% 的人知道某些事情，明白某个秘密。而这个秘密就是——如何不断壮大自己的气场，进而为自己吸引财富。

何为吸引力法则？它可以简单定义为"你关注什么，就能吸引什么"。再解释一下，它的意思就是说，你所关注的事情往往最有可能出现在你的生活当中，也就是说，你的意识及想法会让你更多地关注自己想关注的事情。

所有人都会有这样的经历：当人们觉得有的事情在理论上很难发生的时候，不久它却的确发生了；当人们想到某位几年都没有联系过的朋友时，突然他打来电话，电话那头一句"我刚才正在想你呢"令你惊讶万分。这些现象都是吸引力法则在起作用，它让人们的思想以惊人的速度穿越时空，即"你关注什么，就能吸引什么"。

与此同时，人们发现在吸引力法则发挥作用的时候，随之改变的还有你的气场。你积极的意念和想法会制造积极的气场，从而吸引来更多积极的事物，拉近你与成功的距离；相反，你消极的意念和想法会制造出消极的气场，你就会离失败越来越近，注定你是个平庸之辈。虽然大多数人还意识不到吸引力法则乃至气场的作用，但它却在无形之中时刻发挥着作用。

你知道日本首富孙正义吗？其实他就是一个善于利用吸引力法则增强自己气场的典型例子。

在孙正义两三岁时，他的父亲就一再向他灌输"你是天才""你长大后会成为日本首屈一指的企业家"的思想。在父亲灌输的这些思想影响下，五六岁的孙正义就开始这样跟陌生人介绍自己："你好，我是孙正义，我以后就是日本排名第一的大企业家。"也许在大人眼中，这只是一个无知孩童的痴言妄语，谁也不会在意，也认为这根本不可能实现。

在孙正义19岁的时候，他对自己未来50年的人生有了一个规划：

30 岁以前，要有属于自己的事业，让家人为之骄傲。

40 岁以前，要有价值 1000 亿以上的资产。

50 岁之前，要有让世人羡慕的伟大事业。

60 岁之前，事业成功，还有一个美满幸福的家庭。

70 岁之前，放心地将自己的事业交给合适的接班人。

　　年少的孙正义并不是把这份规划仅限于写在纸上，也不是贴在墙上用于欣赏，而是按照它努力、奋斗、拼搏，实现了儿时大人眼中的痴言妄语。这里不得不说一下吸引力法则对他的成功起着功不可没的作用。孙正义从小坚信自己能成功，在吸引力法则的作用下，他吸引到更多积极的因素，用强大的气场聚集着能量，随之带来的就是更多的机遇、好运和成功。

　　莎士比亚作品中有这样一句话："亲爱的，真正该责备的并非宿命，而是我们自己，是我们自己决定了我们只会是微不足道的人。"由此可见人的意念和想法所起的作用。无论做任何事，人们必须要靠积极的意识引领，才能激发出前进的动力。如果人们想追求成功，首先要有成功的意念，从而才能吸引到利于人们实现梦想的事物，才能不断增强自己的气场。

　　"思想有多远，人就能走多远；梦想有多高，你就能飞多高。"看上去非常通俗的广告词，但却蕴含着深刻的哲理。总之，如果人能带着梦想和信念上路，那么吸引力就会发挥奇特的作用，吸引更多积极的因素增强他的气场，也就使人更容易取得成功。

第七章

修炼自己的气场

每个人都有独特的气场

气场，每一个人都会拥有；气场，每一个人都不尽相同。

正如世界上没有两片完全一样的叶子，气场同样无法复制，是属于人的独特标签。可以说，气场就是每个人散发出的性格特质。每当我们接触到一个人，率先接触的就是他的气场。通常，我们不需要对这个人进行深入了解，甚至不需要与之交谈，就可以对这个人有一个整体上的判断，这就是气场的影响。

闭上眼睛想一想，你就会发现这个观点的正确性。有时，你会遇到素未谋面的人，或是电视上的那些娱乐明星，甚至那些叱咤风云的政治家，他们都会在第一时间给你带来一个独特的印象：有些人的印象是积极的、阳刚的、奋进的，有些人的印象是消极的、颓废的、保守的……这一切，都是气场带来的不同影响。

当然，气场也不是恒久不变的。在不同的心境、环境下，气场会自动做出相应的调整。例如，当你遭遇不顺，精神变得颓丧，你的气场就会很弱，很容易被周围的人忽略掉；而在你的事业、生活都顺风顺水时，你往往会表现出精力旺盛、气质益人的姿态，这时候你的气场就会很强，你周围的人都会被你强大的气场所感染，在不知不觉中注视你，让你成为众人眼中的明星。

成功人士，自然有一套提高气场的绝密法则。普通人则更应当修炼气场，通过自身正面积极、强大向上的综合魅力，带给周围的人或事一种有益的吸引力和影响力。只有这样，你才能给他人留下深刻的印象，从而逐渐跻身"成功人士"的行列之中。

打造自己独特的气场，我们就要补齐身上的短板。根据"木桶效应"，你气场的强大程度取决于你身上最明显的缺点，而不是你的优点。

就如疯狂英语的创始人李阳，人们对他的第一印象就是气场强大，敢于在公众面前表达自己的思想。然而有谁知道，成名前的李阳其实与你我一样，学习状况不理想，甚至到了快要退学的窘境。正是找到了"英语不过关"的短板，他开始勤下苦功进行提高，这才造就了如今"英语教学达人"的独特气场。

心理励志大师皮克·菲尔在他的培训班中也经常开展训练，提高学员的气场。菲尔博士会选定若干名男性和女性，按照性别把他们分成两组，然后要求他们在规定的时间内设计自身形象，由异性做出点评，选出最有吸引力的那一位。

通过这种训练，每个人都会进行自我剖析，找到自己的魅力所在，发现个人气场的不足，从而加以弥补，使气场得到提升。

当然，菲尔博士的这种训练只是打造独特气场的第一步。因为想拥有令人过目不忘的气场，我们不仅要注重"外包装"，更要提高自己的内涵。对女人来说，胭脂粉底、美容整形，只可让妆容完美；对男人而言，西装革履、谈吐有度，只是外形过关，这些都不是气场的决定因素。外部环境的影响，很容易就会使你的"包装"露出马脚，而一个人内心的强大，却可以使他始终临危不乱、淡定自若。 这样的人，才能拥有独特且强大的气场。

总之，你要记得：每个人都有独属自己的气场，能否将其充分挖掘，这是你未来事业成功、爱情顺利的关键所在。 当你往外散发出独特又强大的气场时，周围的一切都会被你的魅力所吸引，让你成为职场中、酒宴中、生活中独一无二的大明星！

培养自己独特的气场

俗话说，千人千面。 气场也是如此，每个人都有自己独特的气场。 在你说话之前，人们便能够感到你的气场。 不必说话，你的外表和举止早已经决定了你给人的第一印象的80％。 从这第一印象人们就可以揣测一个人是不是好相处。

既然每个人都有自己独特的气场，那么气场也分为许多类型，比如张扬的气场、镇定的气场等。 气场是一个人的标志。

你的气场是哪种呢？ 哈佛大学管理系曾经总结出不同类型的人所具有的不同特征的气场，你可以对照一下，辨别出自己的气场属于哪种。

1. 稳重的气场

不轻易显露个人情绪。

不会逢人便倾诉自己的困难和遭遇，会将它们埋在心里。

不盲目听从他人意见，会先自己思考。

不唠叨自己的不满。

不慌慌张张地说话、走路、办事。

2. 细心的气场

对身边发生的事情的因果能够做到经常思考。

能够指出自己做得不到位的事情的根本问题。

对大家习以为常的做事方法，经常能提出自己的建议和优化措施。

有条不紊、井然有序地做事。

能关注别人忽视的问题，并且能找到解决方法。

对自己的不足之处能及时地弥补。

3. 勇敢的气场

言语间充满自信。

不轻易推翻自己决定的事情，会坚持到底。

不随波逐流，有主见。

能在周围气氛低落的时候保持乐观的情绪。

当遇到困难时，会停下来歇一会儿，但不是放弃，而是换个角度，寻找新的突破口。

4. 大度的气场

易于接近，不把能成为朋友的人变为敌人。

不对他人的小错误和小过失过于纠缠。

不斤斤计较金钱。

即使自己地位高或经济能力强，也不会持有傲慢和偏见。

把成果与他人一起分享。

能率先做出牺牲和贡献。

5. 诚信的气场

不开空头支票，不轻易许诺做不到的事情，说到了就要努力做到，并且在说的时候留有余地。

不喊虚伪的口号。

能解决他人提出的"不诚信"问题。

摒弃不道德的手段。

6. 有担当的气场

先从自身开始做检讨，不推卸责任。

完成任务后要先审查过失再评功劳。

从下级开始奖励，从上级开始认错。

在开始一个计划的时候，要界定权责，分配得当。

在这几种气场中，你属于哪种类型呢，又希望自己是哪种呢？

不管你是否愿意，你的气场都有自己独特的气质。因此，人们要接受自己的气场，把它看作自己的一部分。要想让自己看起来气场强大，在不同的状态下也要时刻注意自己的举止。

当坐下的时候，眼睛可以凝视前面左下方和右下方的某个点，一旦你的目光在正前方的桌面和正下方的脚尖停留过久，就会给人不舒服的感觉。

在站立的时候，要站好，不随意扭动，将手放在合适的位置。

走路的时候要挺直脊背，不要弯着腰像老人那样走路。

不管你的气场是否够强大，可以肯定的是你拥有自己独特的气场。要想培养强大气场，需要先发现自己独特的气场，选出自己喜欢的，并将这种气场慢慢变强大，那么不久之后，你一定会拥有属于自己的强大气场。

培养自己的专属气场

有人说：第一个把女人比作花的是天才，第二个是庸才，第三个是蠢材。气场的培养也是这样，人们要着力于培养带有属于自己特色的专属气场，让自己逐渐成为不可代替的那个人。

以前，计算机程序代码必须使用数字或者二进制码来编写，这样编程便成了非常枯燥的工作，更不用谈及改错了。尽管如此，那个年代的编程者还是习惯了这种方式。

但赫伯并不这么认为，她认为应该找到一种方法，让编程更简单些。可是她的想法带来的却是大家的嘲笑，大家认为她是白日做梦，觉得这肯定行不通，但赫伯一直坚持着。最后她发明了计算机编程语言 COBOL，并用英文单词替代了那些数字和二进制码。这个惊人的突破大大提高了编程速度，她也成为获得计算机科学年度奖的巾帼第一人。

个人气场和人本身都是不可替换的。如果每个人的想法千篇一律，可以想象，这个社会将会是多么的枯燥和乏味，正是因为有了不同思想和不同气场的碰撞，生活才会丰富多彩。

1.创新意识让气场拥有个性
要想气场与众不同，我们首先应该有不一样的思想，用创新意识使自己的思想铭刻上自己的风格。 那么，要培养自己的创新意识，应该注意哪些方面呢？

（1）打破创新意识的障碍

要想拥有创新意识并不是一件容易的事，人们首先必须了解创新思维的障碍。 如果人们的思维模式不改变，那么创新意识就不可能展现出来。 两个原因导致了定向思维：一是权威心理；二是从众心理。 有些时候，专家说过的或者大部分人认为的可能也会有错误，不能盲目地迷信专家和大众。 要打破惯性思维。 思维惯性一旦形成，便很难改变了。 举个例子，老师问学生们一个问题："现在有一个聋哑人，又聋又哑，说不出话来，也听不见。 他如何才能在五金店里买到一颗钉子呢？"学生们说："比画。 人家给他一把锤子，他摇手，然后使劲比画。 店主就给了他一颗钉子，他非常高兴。"老师接着问："现在又有一个盲人，他怎样用最简洁的方式来让店主卖给他一把剪刀呢？"学生们说："老师，我们知道，现在不能那样比画了，要这样比画。"全班学生都赞成这样比画，老师说："他不需要比画，他直接说买剪刀，他仅仅是盲人而已，他是会说话的。"这就是惯性思维的最大弊端，它把人们解决问题的方法固定在了一个方面。 人们必须打破惯性思维，才能有所创新。

（2）培养创新意识

打破了定向思维和惯性思维，就要开始培养自己的创新意识。 那么，人们应该如何培养自己的创新意识呢？ 创新要有良好的心态。 这个良好的心态是积极向上的心态。 比如看到半杯水，心态消极的人会说：糟糕糟糕，只剩半杯水了，怎么办？ 一个心态积极的人会说：太好了，还有半杯水。 对于同样的半杯水，心态不同的人会得出不同的结论。 所以，人们要经得起挫折，经得起失败，才不会在探索的路上跌倒了爬不起来。

要交流信息，互通有无。 闭门造车地培养创新意识是行不通的，创新的思维火花在信息的交流中才能产生。 有人曾经说过："你有一个苹果，我有一个苹果，相互交换之后还是一人一个苹果；但是如果你有一个思想，我有一个思想，相互交换之后一人便有了两个思想。"因此，我们要与别人更多地交流，博采众长。

2.培养适合自己的气场

气场是一种由内而外散发出来的能量。 每个人都有自己的穿衣风格，也都应该拥有自己独特的气场。 人们需要打造拥有自己风格和个性烙印的气场。 如何打造呢？

首先，不要试图彻底改变自己的性格。 因为每个人都有着与生俱来的性格，当然，后天的努力会改变性格，但完全改变自己的性格几乎不可能。 如果你是一个稳重少言的人，就不要强迫自己变成一个出口成章、面面俱到的人；如果你天性活泼，也不要刻意地改变成为深沉的人。 保持自己原有的个性，会让你的气场更自然、更清新。

其次，要修饰气场中不好的因素。 当人们意识到需要改造自己气场的时候，就会发现气场中存在不良因素，或许是过于安静，以至于周围的人忽视了自己的存在；或许是过于聒噪，每次的聚会都只能听到你一个人的声音。 这些不足之处势必影响人的气场，因此，培养有风格和个性的气场的一个重要方面，便是修饰气场中不好的因素。

最后，要有自己独立的思想。 对待某一个问题，人们应该有自己的看法，人云亦云，随波逐流，会失去自己的风格。

如果气场与本身的气质相符，那么你的气场也拥有了独特的风格和个性，你就是风格独特、气场迥异之人，不然你就会泯然众人矣。

有风格的气场才能让人刮目相看，有个性的气场才会让人印象深刻。 这样的你才是独一无二、不可替代的。

调整出适合自己角色的气场

在漫长的人生中，每个人都会扮演各种角色，比如子女的角色、朋友的角色、员工的角色、领导的角色、丈夫（妻子）的角色、父母的角色等。 而人们在扮演每个角色的时候也要调整出符合自己角色的气场，不然就会驴唇不对马嘴，让人贻笑大方。

1.为人子女，孝顺是强大的气场

人的一生不可能没有父母，曾经有这样几段话感动了很多人。

　　孩子，当你还很小的时候，我花了很多时间，教你慢慢用汤匙、用筷子吃东西，教你系鞋带、扣扣子、溜滑梯，教你穿衣服、梳头发、擤鼻涕。我是多么怀念和你在一起的点点滴滴。所以，当我想不起来，接不上话时，请给我一点时间，等我一下，让我再想一想……极有可能我连最后想要说什么也会一并忘记。

　　孩子，你忘记我们练习了好几百回，才学会的第一首儿歌了吗？你是否依然记得我总是绞尽脑汁来回答你从哪里冒出来的问题？所以，当我重复说着老掉牙的故事，哼着我孩提时代的儿歌时，体谅我，让我继续沉醉在这些回忆中吧！多么希望，你能陪我闲话家常啊！

　　孩子，现在我常忘了扣扣子、系鞋带，吃饭时会弄脏衣服，梳头发时手还会不停地抖，请对我多一点耐心和温柔，不要催促我，只要和你在一起，就会有很多的温暖涌上心头。

　　孩子，如今，我的脚站也站不稳，走也走不动。所以，请你紧紧地握着我的手，陪着我，慢慢走，就像当年我带着你一步一步地走。

　　如今，空巢老人的比例越来越大，要让父母时刻感到你的关心和牵挂，即使你不在他们身边，这才是为人子女应该散发的气场。

　　照顾父母的生活，尽赡养父母的义务。作为子女，要带给父母良好的生活环境，要悉心照顾他们的衣食和起居，使他们能心情舒畅地度过晚年。父母一旦生病，要尽力诊治，精心照料。逢年过节或父母诞辰，要买一些适合他们口味的食品和需要的物品，用以表达对父母的重视。

　　在日常生活中也要养成孝敬父母的习惯。要语气温和亲切地和父母讲话，并用尊称；上车或进屋时应当走上前为父母开车门和屋门；上下楼梯或道路不平时，应主动搀扶父母行走；进餐时先给父母让座，先请父母品尝美味佳肴，先向父母介绍自己的来访客人；与父母长期分离应经常打电话，问候父母的起居和身体状况。时刻将父母的养育之恩铭记心头。遇到重大事情，诸如升学、参军、就业、婚姻等，都应当与父母商量，主动征求他们的意见。要认真考虑父母的意见，当发现父母的意见不当时，应耐心陈说利弊，婉言相劝，不可一味地强调自己的权力，完全不顾及父母的意见，这样会伤父母的心。

要理解和体谅父母的心情和境况，尽量顺从他们。要理解父母爱唠叨，对自己管束过多，是出于爱意，不能厌烦，更不能顶撞。如果父母的要求不合理，听着但是不采纳就可以了，顶撞父母不是好习惯。

2. 为人朋友，团结友爱是强大的气场

不论是父母还是子女都不会陪伴我们的一生，而朋友却可以。要用亲切团结的气场与朋友相处，不仅如此，在与朋友的相处过程中还有一些禁忌。

忌猜忌。既然是老朋友就不能互相猜忌，凡事以诚相待。如果有事相求，要开诚布公，坦诚相待，彼此敞开心扉，正面交流探讨，尽量减少猜忌。如果人们之间总是猜忌，便很难有知心朋友。

忌传话。老朋友之间无话不谈，这是出于对对方的信任、尊重，不能和第三者谈论朋友二人之间的事情。这是一种朋友之间约定俗成的礼仪规范，轻易地把二者之间需要保密的事情告诉第三者，不但会惹朋友不高兴，还会因此给朋友带来麻烦。

忌不拘小节。不要小看朋友之间的小事，即使是朋友也要注意小节、维护友谊。老朋友之间相处不仅要在生活上相互关怀，更要在小事上相互体贴。而不能只想得到老朋友的宽容与照顾。

在生活中，有的人朋友散布各地、数量众多，而有的人朋友则寥寥无几，主要原因就在于大家在和人相处时散发的气场不同。你真心把对方当朋友，对方自然也会对你付出真心，而如果你只是敷衍塞责，那么对方也同样不会认为你是他的朋友。

3. 身处职场，工作努力是强大的气场

走上工作岗位是一个人融入社会最明显的体现。在职场中，和上司、同事、下属相处也是一门高深的学问，但是无论如何，在自己的岗位上做出一定的成就才是气场的最佳展现方式。

职场人首先要清楚，在公司里的重要目的是把工作做好而不是交朋友。所以，对于工作中的人际关系，应理性看待，不论对方是上司、同事还是下属，对于不同的人，不要因为不能和他们做朋友就郁闷，只要保持正常的工作关系即可。同时也要明白，不是所有人都能做朋友的，你也不可能成为所有人的朋友。

同事关系主要以利益为主，当两人发生冲突时，一定是互相妨碍了彼此的利益。维持双赢才是沟通的关键。如果任何一方在冲突中失去重大利益，那么以后的冲突就会严重。要在相互忍让中达到双赢，这样才能和谐相处。不要因为与上司的友谊，就处处觉得自己高人一等，这样不仅会成为众矢之的，让人嫉妒和不屑，更可能招惹人明里暗里地处处与你作对；也不要因为朋友的关系，就对某个下属处处照顾，这样会离间同事之间的关系。

要对你的"战友"提供支持。任何一项工作都不能独立完成，总会需要"战友"的协助。如果"战友"是你的上司，那么不要推卸责任，要及时反映工作中遇到的问题，但决不要在事情发生后推卸自己的责任。学会换位思考，多站在老板、上司的角度，如果是你遇到这种情况，会如何做，这样你就能很好地去执行。如果"战友"是同级同事，要互相支持，在你遇到难题时想得到怎样的支持，你就怎样去支持别人。不要把同事当成亲密的朋友，要适当保持距离，公私分明。

4. 为人丈夫（妻子），坚守爱情是强大的气场

在人生很长的旅途中，人们都是与自己的"另一半"搀扶着走

来的，世界上最美好的情感便是坚贞的爱情。 不离不弃是爱情中的双方所表达的最令人动容的气场。 人们在与配偶相处的时候，应该遵循九少九多原则：

少一些冷漠，多一些爱；

少一些旁观，多一些参与；

少一些颐使气指，多一些主动服务；

少一些自作主张，多一些共同协商；

少一些牢骚抱怨，多一些甜言蜜语；

少一些自我孤立，多一些相互倾诉；

少一些批评，多一些宽容；

少为自己计划，多为对方着想；

少一些冲动，多一些理解。

5. 为人父母，爱护子女是强大的气场

迎接一个小生命降临应该是人这一生中最激动、最幸福的时刻。 世上最伟大最无私的爱便是父母对子女的爱，因此父母之爱所产生的气场也是最强烈的。 父母该如何和子女相处呢？

不马上发表意见的倾听会更容易让孩子向你敞开更多的内心世界。 为了防止有一天孩子有话不和你说，要永远有耐心地听孩子说话。

非原则性的冲突可以用协商的方法解决，不做说一不二的"老大"和"老板"。

不好当面说的事情，不妨给孩子发个邮件或者写封信。 如果你不怎么了解孩子的想法，那么就请孩子讲给你听，相信他会很乐意的。

哪怕孩子的梦想很幼稚，也要支持，不要打击，幼稚是孩子成熟的必经之路。

给孩子空间，不去要求孩子处处顺从父母的心意。

要创设一个能和孩子共同玩的游戏。

控制自己的情绪，既不迁怒于孩子，也不为高兴迁就孩子。

经常和孩子开善意的玩笑。

要用最大的责任心并且举全家之力给孩子的重大行为以支持。

在不同的角色下，人们都应该调整出最佳气场，使自己胜任自己的角色，在人生的每一场演出中都能有精彩的表现。

人们会被健康的身心吸引

如果你走在街上，迎面向你走来两个人，一个精神抖擞、满面春风，一个精神萎靡、满面倦容，你会觉得哪个人更有气场？不难猜想，你肯定会觉得精神抖擞、满面春风的人更有气场。精气神是气场的发动机，你越精神，那么你所传递出来的气场就越强大。

强健的身体和平和的心态会让人精力十足，而精力十足的人才会辐射出巨大的气场，一个萎靡不振的人是不会受到他人的青睐的。

1. 人要有舒畅的心情

人活着就是为了生活得更快乐、更幸福，而幸福的生活是自己努力争取来的。追求幸福，会让人产生奋斗的欲望。为了人生的奋斗目标，人必须努力工作，尽力在单调乏味的工作中寻找乐趣，使自己无忧无虑，身心健康，生活和平而安逸，快快乐乐过好每一天。

如果没有斗志、信心、毅力，人就会因为遭遇种种困难而生存艰难。所以人们必须为自己美好幸福的生活树立人生的奋斗目标，尽自己最大的努力去实现这个目标。要有正确的人生观、世界观。人之所以被称为万物之灵，就是因为人具有思维能力。人特有的复杂丰富的内心世界是任何其他动物所没有的，而它的核心就是人生观和世界观。一旦有了正确的人生观和世界观，人就能适时对各种状况有正确的认识，面对各种问题也能采取适当的态度和行为。一旦有了正确的人生观和价值观，人们就能高屋建瓴般地冷静稳妥处理各种问题。

还要经常自我归零，学会让自己安静下来，沉淀自己的思维，慢慢降低自己的欲望。要提醒自己，每一天都是新的起点，年龄并不是做事的限制，只有降低一些对物质的欲望，你才会赢得更多的机会，即退一步海阔天空。在任何情况下都不要忘了关爱自己，如果自己都不关爱自己，那么别人也不会关爱你。如果除了关爱自己，你还有其他的能力爱别人，就要尽量帮助你能帮助的人，这样你会得到更多的快乐。通过帮助他人、善待自己来减压是很好的方法。

没有必要羡慕和嫉妒别人，要多和自己竞争。可是大多数的人都仅仅停留在羡慕别人上，而不去努力进取，越是这样，就越会掉进不能进步的泥潭。你要相信自己，只要去做，你也是可以的，哪怕是小小的一点进步，我们也要为此而开心。现代人面临激烈的竞争、复杂的人际关系等，为了让自己不至于在某些场合尴尬，可以进行广泛的阅读，让充实的知识来为自己减压。人们都有这样的体会，头脑空空会很焦虑，这就是你的求知欲在呼唤你，人生是一个不断进步的过程，阅读的过程就是让大脑不断吸收养料的过程。不论在任何条件下，都要相信自己，哪怕没有一个人相信你，你也要相信自己。 喜欢自己是让更多的人喜欢你的前提。 如果你希望自己是什么样的人，只要你想，努力去做，就会实现。 很多人没有实现，就是因为没有继续坚持下去。 更要懂得调整情绪，一般人遇事便慌，一些本可以很好解决的问题也会让他们急得像热锅上的蚂蚁。 他们掌握不好情绪，往往让简单的事情复杂化，让复杂的事情更难。 其实只要把握好事情的关键，想要做到游刃有余，就需要将每个细节都处理妥帖。 因此即使遇到的问题很棘手，也要冷静下来，然后想如何才能把它做好。 用温柔的语气去善待身边的人。即使这个人你非常不喜欢，也应该尽量采取迂回态度，找理由离开也不要肆意伤害他，尽量避免让场面尴尬，让自己的心情变糟。 你要学会珍惜现在身边的一切。 我们每天都接受新的知识，每天都会尝试新的思维，多进行换位思考，揭开新事物的神秘面纱，满足自己的新奇感。

不要对自己过分苛求，把奋斗目标定在自己能力所及的范围之内，要尽量使自己能完满达成目标。 这样，你在达成目标的过程中，心情才会是愉悦的。

乐观是心胸豁达的表现，乐观是心理健康的标志，乐观更是人际交往的前提、工作顺利的保障，还是避免挫折的法宝。

2. 要注重培养健康的生活习惯

健康的生活习惯会让人体力充沛，精神十足。 起床后锻炼 5 分钟，唤醒沉睡的身体，使卡路里加倍地燃烧。 很多人认为晨练就必须爬起来跑上几千米，其实大可不必。 每天用 5 分钟来做俯卧撑和跳跃运动，就已经能够达到理想的效果。

养成主动喝水的习惯。 处于缺水状态的人，时常会感觉疲惫。如果你只是感到口渴方去喝水的话，你的身体已经处于严重缺水的状态，因此养成主动喝水的习惯是必要的。清早起来先喝一杯水，做一下内清洁，也为五脏六腑加些"润滑剂"；人们每天应该喝大约一升水，当然也要适度，不是越多越好。

养成吃早饭的习惯。美国有研究发现，不吃早餐的人体重易超标，精神不振；吃早餐的人则精力充沛得多，身形也相对匀称。一个西红柿、两片全麦面包，再加一块熏三文鱼，就是最营养健康的西式早餐。全麦面包含有丰富的碳水化合物和纤维，西红柿的番茄红素有利于骨骼的生长和保健，三文鱼中丰富的脂肪酸和蛋白质对身体更加有益。

午饭之后，身体内的睡眠因子成分增加，因此这是最容易犯困的时候，一小杯咖啡就能让你清醒，如果你喜欢喝茶的话也同样是可以的。

张弛有度。工作中碰到难题，一时半会儿又没办法解决，不如休息一会儿，去喝杯水，让大脑适当休息一下。

当你累得快透不过气来时，深吸一口气，然后呼出来，或者翻翻体育杂志，上网看看新闻，或者找朋友聊聊天，说不定灵感在不经意间迸发出来。

站起来接电话。学会利用打电话的机会舒展自己的筋骨，这时深呼吸会使富含氧气的血液流进大脑。这个简单的变化能让你在接下来的几个小时都保持精力旺盛。

乐观、精力旺盛的人，他们积极的情绪总能感染周围的人，大家更容易喜欢他们。人们不仅要和聪明、有才华的人交往，更要和那些充满热情、积极向上的人交朋友；跟一个悲观、喜欢抱怨的人一起待上半个小时，就会把你的正面能量消耗尽。

保持微笑，笑一笑，十年少。笑能锻炼面部肌肉，通过改变你的面部血液循环，提高注意力。有研究表明，尽管快乐不像俗语形容的那样能挽留青春，但每天保持愉悦心情的人确实更健康，这样能使自己远离各种疾病。

多睡一个小时，这里指的多睡一个小时不是周末拼命睡懒觉，而是每天早睡一小时。 多睡一个小时会让你清醒，因为这相当于喝两杯咖啡。

美国马萨诸塞大学的研究表明，愤怒和敌对的情绪在冬天比较多，而在夏天比较少。 这和阳光的功效不无关系，晒太阳能提高大脑血清素的含量，改善心情，同时为身体充电。

控制酒量。 虽然酒精让你产生睡意，但是睡前喝酒会因兴奋影响睡眠，即使你闭上了双眼，你的眼球依然在不停地转动。 睡前两小时不要喝酒，晚餐也要少喝酒。

美国芝加哥大学的学者认为，晚上锻炼对促进能量的新陈代谢至关重要。 因此不妨下班后去健身，浑身酸酸的，回家洗个澡，睡个好觉，起来后犹如获得新生。

一颗健康的心灵和一个健康的身体所透露出的强大气场是非常迷人的，人们的视线会不由自主地被它吸引。

微笑有利于增强气场

微笑是人类独特的表情，上扬的嘴角，洋溢着笑意的眼角，都会让你的气场瞬间强大起来。 微笑就像一种无声的召唤，一首无词的小调，一朵含苞待放的小花，使人们驻足欣赏。

自古以来，微笑便有它的神奇魔力。 战国宋玉的《登徒子好色赋》写道："含喜微笑，窃视流眄。"东汉张衡的《思玄赋》曰："离朱唇而微笑兮，颜的砾以遗光。"宋代冯去非《喜迁莺》词中说："送望眼，但凭舷微笑，书空无语。"甜美的微笑总是神秘莫测的，又总是让人心情舒畅。

微笑是自信的象征，是胜利者发自内心的喜悦；微笑是宽容的象征，显示了一个人博大的心胸、深沉的涵养；微笑是沟通的象征，是人与人之间表示友善的最恰当表情；微笑更是强大气场的象征，许多的支持和帮助总会属于懂得如何微笑的人。

1. 微笑能带来强大气场

闻名遐迩的希尔顿大酒店的创始人希尔顿就很重视微笑在企业管理中的作用。他说："我的旅馆如果只有一流的服务，而没有一流的微笑的话，旅馆就像永不见阳光的阴暗角落，又有什么情趣可言呢？"

其实，人也一样，微笑着的人带来的气场要远远大于愁眉不展的人。微笑能表现出良好的心境。一个面带微笑的人，会让人感到他的愉悦心情和乐观向上，这样的人才能表现出吸引别人的魅力。

微笑能表现出真诚友好的姿态。一个人在与人交往时向对方微笑，能够反映出自己内心坦荡、善良友好，能放松对方的心情，从而拉近彼此的距离。

微笑是自信最好的证明。面带微笑，能表明信心，可以用不卑不亢的态度与人交往，也更易让人信任，被人所接受。与人产生摩擦的时候，微笑是最好的灭火器，它可以轻而易举地消除人与人之间的隔阂，打开对方的心扉。

2.怎样微笑最好看

有魅力的微笑是由内而外散发的，要坚信，后天的努力一样能让你拥有完美的微笑。 由微笑而延伸出来的气场会让你在瞬间征服所有的人。

那么，马上行动起来，站在镜子前，练习微笑吧。 在开始这个阶段，镜子便是人最好的老师。

放松肌肉。 从低音哆开始，到高音哆，每个音大声、清楚地说3次。 在这里要注意的是不要连着练习，而是一个音节一个音节地发音，为了正确地发音应注意嘴型。 下面几个动作能帮助我们增加唇部肌肉的弹性：张大嘴，使嘴周围的肌肉得到最大限度的拉伸，保持10秒；闭上张开的嘴，把嘴角拉紧，在水平方向上使嘴唇紧张起来，也保持10秒；在上一个状态下聚拢嘴唇，当嘴唇卷起来的时候也保持10秒；用门牙轻咬筷子，同时翘起嘴角，并观察连接嘴唇两端的线是否与筷子在同一水平线上，同样保持10秒。

在放松的状态下形成微笑，关键是嘴角上升的程度要一致，否则就不会好看。 慢慢地，你就会发现自己适合什么样的微笑了。

一旦找到自己满意的微笑，你就要对那个微笑表情进行不少于30次的训练，刚开始会比较难，但反复练习之后就会自然形成干练的微笑。

3.发自内心的微笑最迷人

美国钢铁大王卡耐基说："微笑是一种奇怪的电波，它让人不由自主地赞同你。"我们常说"相由心生"，发自内心的微笑才是最迷人的。

拥有好的心态才能让微笑自然迷人，每天早晨起床之后要告诉自己："今天又是崭新的一天，真棒！"与人相处时，要先想到他的优点。当你遇到困难的时候，要劝慰自己，愁眉苦脸并不能解决任何问题，凡事要微笑着面对。

人们并不是在任何情况下都能自然地微笑，但是，只要做到以下几点，你脸上的微笑会越来越多。

学会经常分享你积极乐观的心态和思想。

用整张脸去微笑。

让紧缩的眉头舒展开来。

保持幽默感。

永远不要说"气死我了"，而要说"我今天很高兴"和"我一直都很喜欢你"。

你要知道，微笑和所有乐观的情绪一样，是可以蔓延的。当你微笑的时候，人们会觉得你的感觉好，你的这份好心情也会让他人跟着你笑。你的气场也会影响周围的人。

4. 没有人会拒绝微笑

从心理学角度来分析，人们要拒绝面带微笑的人是要承受一定的心理压力的，这种压力要比拒绝面无表情的人更大。在一般情况下，人们不会攻击那些对自己微笑的人。这是因为微笑是善良和平和的象征，能震慑人的心灵。

一位推销办公用品的小伙子走进一家公司推销自己的电脑清洁纸巾。由于对各种各样上门推销的商贩见惯不怪了，专心工作的工作人员对此并不感冒。一位工作人员说："你好，我们不需要你的产品，请不要随意打扰我们的工作秩序，上班时间不允许推销商品，请你离开好吗?"

但他并没有沮丧，带着微笑温和地说:"不买也可以啊，请给我一个让你试用一下产品的机会，你看好吗?"他很快拿出一包纸巾擦拭电脑有污垢的部位，态度十分认真投入，动作娴熟，但埋头工作的员工并没有买他的账。看到这种情况，他还是很礼貌地说了声:"对不起，打扰了，再见!"

片刻，他又来了，他说:"你们领导说了，需要这种产品，还是请你再考虑考虑吧!"一个员工开玩笑地说:"领导需要就让领导买去，我们不需要，你还是请走吧!"他并没有因为员工的冷漠而放弃可能赢得的希望，依旧努力详细地介绍他所推销的产品的性能和好处。最后，他微笑着离开了，尽管他最终还是没能卖出产品。

接下来的第二天、第三天、第四天，无论工作人员怎样拒绝，他都始终面带微笑，第五天的时候，他终于成功地推销了自己的产品。

当被问及他坚持的原因时，小伙子只说了一句话:"没有一块冰不被阳光融化，微笑着的人是不会轻易遭人拒绝的。"

俗语说:"伸手不打笑脸人。"很少有人会忍心拒绝一张微笑着的脸，不是吗? 你的气场会因为真诚甜美的微笑而让人不忍拒绝。

请求帮助时，带着谢意的微笑会让人不忍拒绝。

拒绝他人时，如果带着歉意的微笑，人们也是不忍心抱怨的。

与人产生摩擦时，带着忍让的微笑会让人不忍发作。

泰戈尔说过:"当他微笑时，世界爱了他;当他大笑时，世界便怕了他。"可见，微笑带给人的气场是多么强大。 微笑是推销自我的一种必然神情，是保护自我、完善人格的一种良好武器；微笑是一种心灵语言，能给予别人，映衬自己，是人们感情上的美好，更是人与人之间的心领神会、互动感应。

眼神是凝聚气场的光源

眼睛是心灵的窗口，而眼神则是凝聚气场的光源。 对有气场的人来说，重点不在于眼睛的大小，最重要的部分是在于眼神。 看看那些商业巨贾和当红艺人，并非每个人的眼睛都拥有天生丽质的完美弧线，眼部的所有弱点都可以通过眼神的力量来弱化，用充满魅力的眼神凝聚强大的气场，吸引大众的眼球。

有魅力的眼神并没有一个确切的概念和规定，这是因为每个人的眼神自有它的独特之处，比如梁朝伟的忧郁眼神、舒淇的性感眼神、杨澜的知性眼神、周迅的灵动眼神等，不同的魅力都是从这些不同味道的眼神中散发出来的。 然而即便如此，人们还是会发现，这些动人的眼神中都有着一些相同的基本特质，因为在眼神上满足了这些特质，这些人方才有幸加入自己的特色，从而向旁人诠释这些散发着个性魅力的眼神，散发与众不同的气质，制造出不同的气场。 这些基本特质是什么，人们如何做才能让眼神更有魅力呢？

1. 练习坚定的眼神

你的眼神可以热情，可以温和，可以忧郁，甚至可以冷漠，但是一定要足够坚定。 眼神躲躲闪闪、不够坚定是缺乏自信和心虚的表现，缺少存在感和凝聚力，甚至给人一种猥琐的感觉，会让人觉得你不够坚定。 让眼神变得坚定的方法不仅是端正眼神那样简单，如果你的内心不够自信，坚定也几乎没办法"假装"出来。 外修的根本在于内修。

看看那些气场强大的明星，在刚刚出道时也并非每个人都气场强大，在面对前辈们的逼人气势和自己刚刚起步的事业时，最初也难免流露过一些不够自信坚定的眼神。 但是经过一番摸爬滚打和不断的心智磨炼，往昔飘忽的眼神早已不见了，取而代之的是充满力量又不咄咄逼人的自信眼神。

想让眼神变得更加坚定有力，先要从增强自信开始。 可能有时你会觉得自己是自信的，但是你的朋友或者家人曾向你提起过你的眼神看起来不够坚定，说明你对此没有察觉，你需要换个角度来思考，重新审视自己。

单单对着镜子练坚定的眼神并不能起多大的作用，关键是当你在人群中，尤其是身边有比你优秀的人时，你的眼神是否依旧能保持坚定自信。 如果你的眼神不够坚定，你的气场就很难感染到别人。 理想的效果怎样才能达到呢？ 这需要做到以下几点。

每天在心里默念 10 遍"我很棒，天生我材必有用"。

遇到比自己气场强大的人时不要大惊小怪。

接触比自己各方面优秀的人时，默念"我也很不错，我们是一样的"，要看着对方，同时保持眼神的坚定，千万不要因为不如别人就中途退回来。

2. 三种最削弱气场的眼神

与其说用眼神制造气场，还不如说用眼神凝聚气场，"形散神聚"不仅可用在文章上，同样可以用在一个人的外在表现上。如果一个人拥有凝聚力强的眼神，那么即便穿着普通，没有很大的排场，也同样可以引人注目，这就在于他的眼神凝聚了全身的气场。

眼神拥有较强的凝聚力，除了来自足够的自信之外，最重要的是放正眼神，大方地看，不要给别人留下畏畏缩缩的感觉。如果眼神放不正，很容易给别人留下不舒服的感觉，会迅速削弱一个人的气场，给人留下小气、不体面的印象。

要尽量避免以下三种眼神。

（1）头微微低下，眼睛翻着往上看，好像做错了事，会显得畏畏缩缩、小里小气。

（2）头稍稍侧到一边，斜着眼睛看人，好像心里有鬼，盘算着小伎俩。

（3）目光游移不定，躲躲闪闪，时不时地用眼睛扫视，好像心虚气短，自己做了见不得人的坏事。

这些习惯看似不经意，可能也的确没有什么恶意，但足以摧毁个人形象。很多时候，有以上问题的人们往往无法自己发觉，常常在别人的提醒之下才能注意到。一个人要改变这些问题，最有效的方法是与人多接触、交流，消除恐惧感和生涩感，让整个人变得大方起来。

3. 让眼神活起来，向唱戏的人学习

《诗经·卫风·硕人》这样描写道："手如柔荑，肤如凝脂，领如蝤蛴，齿如瓠犀，螓首蛾眉。巧笑倩兮，美目盼兮。"意思是：手指纤纤如嫩荑，皮肤白皙如凝脂，美丽脖颈像蝤蛴，牙如瓠籽白又齐，额头方正眉弯细。微微一笑酒

窝妙，美目顾盼眼波俏。这段话将一位眼波流动的美人描述得无与伦比，非常迷人。放在今天来讲，那就是"眼睛会说话"。

著名京剧演员梅兰芳，在年轻时由于眼睛近视，眼神不能外露，眼珠也不太灵活。这对演员来说，是一个重大的缺陷。怎么办？他想了个"放鸽练眼"的办法。他养了许多鸽子，每天清晨，把一只只鸽子放出去，让自己的眼睛紧紧地随着空中飞翔的鸽子，借以锻炼自己的眼神。并用一根两丈长的竹竿，顶部系着红绸条，他用力挥动着长竿，吸引飞鸽。这样极目苍宵，苦练眼功，渐渐地，梅兰芳的眼神变得敏感传神，在舞台上也能做到顾盼生辉、流光溢彩。

《西游记》中孙悟空的扮演者六小龄童为了练就一双"火眼金睛"，每天都要求自己必须做下面3件事。

（1）凝视太阳，早上去看日出，目不转睛地盯着看，坚持10分钟或20分钟，一直坚持到眼睛流泪为止。

（2）让眼睛追逐香头的亮光。点一支香，找香的烟头，看这个点。

（3）用目光跟踪乒乓球的弧线。人站在球桌中间，眼神随着乒乓球快速移动，通过上下左右练习让眼睛变得灵活。

灵活自如的眼神可以向人们传达生机和智慧，想让眼神活起来，这些前辈们的方法不妨一试。但是要注意灵活的眼神要传递令人愉悦的信息，而不是毫无目的地眼球乱转，否则不仅练不出凝聚气场的眼神，还会适得其反。

4.让眼神变得深邃而丰富

深邃而丰富的眼神是智慧的体现，有些人的眼睛十分撩人，但他们的眼睛并非严格意义上的漂亮，只因为他们的眼神深邃神秘，别人不自觉地就会去关注和解读。一个人的气场也能在这种眼神中变得丰富而浓郁起来。

如何让眼神变得深邃而丰富呢？人们需要增强自己的领悟能力，丰富自己的内心，敢于经历挫折，善于思考，善于观察，善于总结，让心智逐渐丰富成熟起来，这不是简单地锻炼眼神就能实现的。

5. 善于保护眼睛

眼睛漂亮，主要在于眼神炯炯有神、光芒四射，眼神充满魅力的重点在于"神"，"神"则来自精力，因此在练习眼神的同时也要学会保护眼睛，注意保证身体的健康，保存精力。

多吃对眼睛有益的食物。例如富含维生素 A 的食物。

保证充足的睡眠。当你睡眠不足时，不仅精神萎靡不振，眼神也会很麻木，显得没有神采，充足的睡眠在保证精力充沛的同时，也能让眼睛更有神。

做眼保健操。眼保健操可以疏通眼部经络，让黑眼圈淡下去，还能让眼睛的疲劳度降低。

魅力眼神让气场凝聚，这样的眼神不是天生的，而是内外兼修得来的。平时要注意保护眼睛，学会运用灵活的眼神，通过内在的提高使眼神变得更加深邃，让眼神坚定而又和善、平静、充满期盼，干净又不乏智慧，众人便能被你的眼神"秒杀"，将你的气场传递出去，感染周边的人。

第八章

巧用气场，让自己更受欢迎

为什么你如此平庸

　　李嘉诚，这个曾经的五金厂推销员，成了华人首富；比尔·盖茨，这个"不务正业"的辍学生，更成了全球首富。看着他们，你的心里一定会纠结无比："为什么，他们能白手起家成为万人敬仰的富豪，我却没有这样的机会？难道我的一辈子注定就是平庸的吗？"

　　不要再抱怨生活、上天的不公，其实现在的平庸，正是由你一手造成的。因为你没有主动向美好的生活靠近，你也从来都没有立下过成为富人的目标。在你的心里，只有不切实际的幻想，只有喋喋不休的抱怨。

　　也许，你会如此反驳："我曾经也是充满激情的人！想当年……只不过，现实太残酷了，我根本没有办法适应。每走一步，我就会遍体鳞伤，这让我如何是好？"你的话，恰巧说明了这样一种现实：大多数人都会毫不犹豫地想到积极拼搏，但事实上，能够真正这样做的人却不多，甚至凤毛麟角。

　　正因为如此，有些人，注定站在伟大的行列之中；而你，则只能在平庸的泥沼中挣扎。为什么平庸？也许没有机遇，也许没有"贵人相助"，这都是无可厚非的观点。但没有决心改变现实的气场，这才是你曾经平庸、现在平庸、将来还要平庸的"罪魁祸首"。我们不会对联想的柳传志、华为的任正非陌生，可是我们也许想不到柳传志 40 岁开始创业，任正非 44 岁才开始他人生的电子征途。 倘若没有那份拼搏的气场，哪怕是对生活做出细微的调整也诚惶诚恐，那么他们也一定如你我一样，在抱怨生活之中沮丧地度过一生。

亦步亦趋的保守主义，让你不得不接受平庸的现实。 总担心犯错，从不主动去改变什么，总在按照稳妥的、不易跌倒的方式小心翼翼地走着。 这种人周身散发着一种僵化的气场，甚至可以说是"世俗""大众""普通"的，让人一看就觉得索然无味。

其实，平庸与不平庸之间，只是一张薄纸的距离——那就是对成功保持积极的态度。 平庸的人，多数是因为找不到人生目标，抑或做什么都是凭着想当然，无论做什么都是浅尝辄止，偃旗息鼓是他的家常便饭，总是消极地面对未来，因此自然难以获得成功。 并且，他很容易进入一种恶性循环，从此在平庸之中"万劫不复"。

而反观那些伟大的人物，他们对成功总抱着积极的态度，愿意主动地做出改变。 当发现自己走的路出现了错误，他们不会听天由命，而是积极地改变，知道自己该做什么。 若是头脑中没有判断，总需要别人的指点，就永远也掌握不了命运的方向盘。 这一点，正是伟大人物之所以不平庸的关键所在。

康多莉扎·赖斯这个名字，相信很多人都不会陌生。这位美国历史上的首位黑人女国务卿，在成长的路上走出了一条令人无比钦佩的路。

赖斯的母亲是一位音乐教师，因此她自幼便学习音乐。她在16岁时，就已考入丹佛大学音乐学院。所有人都认为，赖斯未来一定会走出一条音乐之路。

然而，就在一场音乐节上，赖斯突然感到自己实际上并不具备音乐的天赋，因为那些10岁左右的孩子，只要看一眼曲谱就能够演奏得非常流畅，而那首曲子她却要练上一年。"我绝对不是学音乐的料！"赖斯自言自语道。

然而，赖斯毕竟已经进行了十几年的音乐学习，现在放弃可谓得不偿失。很多人也如此劝她。面对这样的现实，或许多半人会"将错就错"，继续沿着原来的路走下去。

然而，经过了一番思索后，赖斯还是决定要走出另一条路。她果断地放弃了音乐生涯，开始学习国际政治概论。她的导师惊奇地发现，赖斯在这一领域很有潜质，于是细心地教导她，将她引向了国际关系和苏联政治学领域。老师的提拔与鼓励，让她积极投身新的领域。19岁时，她获得了政治学学士学位；26岁时，她获得博士学位。1987年，她在一次晚宴上的致辞得到了时任国家安全事务助理的布伦特·斯考克罗夫特的注意。

凭借着自身的努力，赖斯终于在政坛越走越顺，赢得了"钢铁木兰"的称号。最终，她成为了美国历史上第一位黑人女国务卿。

试想，如果赖斯当年没有果断地放弃学习音乐，那么世界上就会少了一位划时代的女性政治家，多的只是一个普通的钢琴师。赖斯的故事告诉我们：改变才是突破平庸的途径，改变才能让你跻身成功的行列。一个人重新找到方向，必然会带着积极的心态生活，从而形成积极的气场，最终改变命运。

所以，做个"行动派"远比一个"忧愁派"更能扭转平庸。用行动改变不满的现状，能够避免人生陷入平庸的气场中。与其怨天尤人，不如主动改变，让自己的气场进入一个新的时代。

在为人处世中吸纳能量，增强气场

人类需要各种精神食粮，而这些精神食粮，往往是从为人处世之中吸纳来的。 这就像枝头沉甸甸的葡萄，都是由其貌不扬的主藤传输来鲜美的汁液。 树枝本身不能生存，离开了树干的树枝必然枯萎。 个人的力量也是从"人类树干"中得来的。 能够从其他人那里吸收来更多、更好的能量，则个人的气场力量就愈大。

在生活中也许我们都有过这样的感觉：如果交流的对象是一个人格非常好的人，会觉得自己的力量能突然增加几倍，甚至于有些机能都可能会得到提高，仿佛蕴含在身体里的能量，都得到了释放一样，以至于使自己可以说出、做出在一人独处时、在没有同他接触时，说不出、做不出的事。

演讲者用他的语言博得观众的同情，因而产生伟大的力量。 但是假使他在没有人或者只有个别人的情况下讲话，那么这种力量肯定不可能产生，正像化学家决不能使分贮在各只瓶中的药品相互发生反应一样。 新的力量、新的影响、新的创造，只会产生于相互接触和联系之中。

如果一个人经常跟别人相处，就会经常在他的"发现航程"中发现自己生命中新的"力量岛屿"，但是如果没有跟别人相处，这种"力量岛屿"就永远不会被发现。

只要他愿意探取，他结交的每一个人，都会或多或少地告诉他一些秘密，若干他闻所未闻却足以辅助他的前程、加强他的生命的东西就可以被发现。

不容置疑，没有别人的帮助人们很难成功。他人常在无形之中把希望、鼓励、帮助投入到我们的生命中，在精神上振奋我们，慢慢地让我们走向完美。

人们生命的生长，需要用心灵吸收营养，而这种营养，人们的感觉是不能觉察、测量的。从表面上看，人们的力量是从耳朵和眼睛吸收来的，但事实上，这种力量的吸收绝不是仅仅依赖于视觉和听觉的。

一幅名画最伟大的东西，并不体现在表面的格局、色彩、阴影等，而是在这一切背后的画家的人格中，在他的生命中，在他的经历所带来的力量之中。

大学教育的大部分价值，基本上都来自于师生之间的交流。他们的心相互交流呼应，激发起各人的志向，让大家的理想得以提高，为希望指引方向，并将各人的各种机能琢磨成器。书本上的知识是有价的，但是心灵沟通所得却是无价的。

如果你和别人的生活没有很大的关联，不能培养起丰富的同情心，不能对别人的事产生兴趣，不能辅助别人，不能与别人分享快乐或者难过，那么不管你学问怎样好、成就怎样大，很可能你依然不受人欢迎。

脑海与脑海之间，心灵与心灵之间，肯定有神奇的"感应"存在。试着同一个能够启发你生命中最美善部分的人相交，你的力量就会因此而变得更强大；试着同人格、品行、学问、道德都较好的人交往，就能从中吸收到更多营养，就可以增强自己的气场，让自己变得更有魅力。

微小的细节可能改变人的命运

美国气象学家爱德华·罗伦兹曾经说过：南美洲的一只蝴蝶，偶尔扇动几下翅膀，两周后，可能就会导致美国发生一场飓风。这是因为蝴蝶翅膀扇动，它周围的空气就会流动，引起微弱气流的产生；而微弱气流的产生，又会引起更大的空气系统的变化，由此引起连锁反应，最终导致天气的巨大变化。这就是有名的"蝴蝶效应"。

小事情可以导致大后果，小变化可能引起大变化。同样的，气场的微小变化也可能彻底改变你的命运。如前所说，气场体现的是一种整体观，是一个人诸多方面素质的反映。人的每一方面的情况，任何一个看似细小的行动，都会反映出其身上的"气"，气场的不一样也会给人带去同样大不相同的结果。

美国斯坦福大学心理学家詹巴斗做过这样一个试验：找来完全相同的两辆汽车分别停在比较杂乱的街区和中产阶级社区，然后把放在街区的车的车顶打开。结果，一天之内，街区那辆车就被人偷走了。但是，一周之后，另外一辆车依然完好如初。后来，他又把摆在中产阶级社区的车玻璃砸碎了，没过几个小时，车就不见了……

通过试验人们不难看出：环境具有强烈的暗示性和诱导性。如果窗户上有了漏洞，即使看上去微不足道，如果不及时采取措施，这些小漏洞就会让人觉得非常无序，别人就可能有打烂玻璃的心理暗示，恶劣影响就会因此滋生、蔓延……

其实，人的气场就如同这些窗户，有些细节出了问题，如果不及时地加以改正、调节，就会给气场带来负面影响，你的人际关系就会不知不觉受到影响。

古训有云：莫以恶小而为之，莫以善小而不为。但是有时候人们却会宽容自己的小细节，总是纵容自己：下次再干吧，下一次我一定会做好的。殊不知这种"破窗效应"会导致下次出现同样情况时，人们依然会找到一个借口来让自己继续拖延：上次没干好，不也没事嘛，这次应该也可以算了吧，下一次一定好好做！

这是一种对于当前问题的懒惰和类似"明日复明日"的拖延，不仅在精神上瓦解摧毁一个人的斗志、消磨气场的锐气，还可能毁掉自己的形象。更重要的一点是，这种体现在细节上的懒散和懈怠会让别人认为你是一个靠不住的人。除非你的仇敌，否则没有人真正喜欢你拖延懈怠，他们将不会给你提供更多的支持。

在职业棒球队中，如果一个击球手拥有 25% 的命中率，也就是每 4 个击球机会中，他能打中 1 次，凭借这样的成绩，他可以成为一个好球队的二线队员。而一个平均命中率超过 30 % 的队员，才具有成为明星队员的潜质。

每个赛季结束的时候，命中率达到 30% 的人只有 10 个左右。这些人除了能享受到棒球界的最高礼遇外，还会得到几百万美元的工资，同时拿到大公司为了聘请他们给出的巨额费用。

但是，请思考一个问题，其实明星队员与二线队员的差距仅仅是 5% 。每 20 个击球机会，二线队员击中 5 次，明星队员仅比他们多出一球。

人生就如同一场棒球赛，细微的差距就能把普通人变成明星。只要人们重视细节，正视问题，对每个人都保持真诚，气场的能量就会潜移默化地传递给别人，然后大家就会更加喜爱你。

模仿他人来增强自己的气场

气场的塑造需要一定的时间，要有技巧地运用气场，而如何在培养气场的过程中将其运用于生活实践，则需要更加巧妙的技巧。

观察一下周围的人，有些人会有一些力量让你抗拒不了，会让你不由自主地被他的气场吸引。找到之后，研究一下他的言行举止，然后模仿他即可。很快，你便有了和他相似的气场，随着时间的推移，你会学到跟他一样的气场。之后，再找一个更有气场的人，模仿他。这种方法能够快速地提高你的气场。

模仿有气场的人，像他们一样待人处世，久而久之，他们的气场肯定会在你身上有影响。另外，模仿有气场的人时，行为也会跟他们比较像，在心理学上有"相似引起喜欢"一说，意思就是你会在提高气场的同时运用气场，赢得别人的喜爱之情。某心理学家做过这样一个实验：

他们要求一些年轻人回想一个跟自己关系最好的朋友，并请列举这位朋友与他们自己有哪些相似与不同之处。很多人都把相似之处写了出来，如"我们性格内向、诚实，都喜欢欣赏古典音乐"，还有"我们都喜欢交际，经常一起进行体育锻炼"，等等。

在日常生活中人们也经常可以看到，如果两个人的人生观、信仰之类比较相似，那么他们更容易谈得来，感情也融洽；同年龄、同性别、同学历或者经历相似的人相处起来会更加融洽；行为动机、立场观点、处世态度、追求目标一致的人在一起也更和谐……

著名的心理学家阿伦森是这样解释这种现象的：一是如果他人的观点与自己相同，人们就会觉得自己的观点得到了证实，他们使自己产生了"我们是正确的"这种感觉，这是一种酬赏，原因在于我们都希望别人与我们的意见保持一致；二是某人在某个问题上与自己观点不一致，人们很可能推论说，或许这个人是故意做对的，认为这个人对问题的意见表明他是那种个性不太好的人，但是如果某人放弃了原来的观点转而支持我们的立场，那么我们可能会对这个人更加有好感。阿伦森认为，人们在诱使某人改变观点时，会感到自己是有能力的，然后就会改变那些本来对这个人不好的印象。

其实，人之所以喜欢同与自己相似的人交往，大概都是因为这些：首先，跟与自己观点一致的人交流的时候，能够得到对方的肯定，便会增加"自我正确"的安心感。两者发生争辩的机会较少，并且双方大都会相互支持，比较容易有安全感。其次，观点相似的人成为一个群体会更加容易。人们试图通过建立相似性的群体，以增强对外界反应的能力，保证反应的正确性。活动在一个观点相似的团体之中，阻力会比较小，活动也更容易进行。正因为有这么多好处，因此基本上所有人都会想要跟自己相似的人交往，这会使人们相处得越来越愉快，因为大家都希望被人认可。

相似引起喜欢，当你按照有气场的人的言行去做事的时候，你就和他们有了共同之处，这会给你带来很好的气场，别人对你的印象也会很好。一举两得，何乐不为！

真诚能引起他人的共鸣

在松下公司刚刚起步的时候，作为公司领导，松下幸之助总是亲自出马去推销产品。如果对方很善于杀价，他就会很坦白地告诉对方："我的工厂是家小工厂，炎炎夏日，工人在炽热的铁板上加工制作产品。大家汗流浃背，依然工作得非常努力，艰难地完成了生产，依照正常利润的计算方式，每件××元应当比较合适。"

对方认真地听完了他的话，开怀大笑，说："卖方在讨价还价的时候，总会说出种种不同的话。但是你却用真诚打动了我。好吧，我就照你说的价钱买下来好了。"

这一案例，非常能够说明真诚的气场在人际交往中的重要性。松下幸之助把工人的辛苦劳作真诚地描述了出来，让对方的气场和自己的气场产生了共鸣，从而得到了对方的认同。正如对方所说的，松下幸之助的话句句都在情理之中，对方就没有理由不接受了。

在立身处世上，真诚的力量是无穷的。任何对立与冲突，都能在真诚的言行中化解；任何怨恨不满，都可以被真诚感化；任何猜忌误会，都能在真诚的交流中消除。与人交往时，如果你的态度非常诚恳，你的气场怎会不感动别人？

人们都有这样的感受：自己被其他人请求做某事的时候，也许你本意不想答应，但因对方情感真挚，态度恳切真诚，你可能不由自主地就想帮他一下。有时，我们还可能会在对方讲到伤心处时，和他一同难过。

在人际交往之中气场可以吸引别人，真心实意、坦诚相待可让彼此之间的气场产生共鸣，让交往的对象从心底被你感动，进而会为你做出一些改变。

某个施工队由于用来爆破山洞的炸药供应不上，处于面临停工的状态。工程队派吕驰带车到地方某化工厂求援。吕驰马不停蹄地赶到了化工厂，可是得到的答复只有一句话：眼下没货！他找厂长，厂长忙，不愿意耗费时间跟他解释，他跟进跟出，有机会就讲几句；他软缠硬磨，厂长仍不为所动，硬邦邦地对他说："现在就是没货，我也没有办法。"话说到这个分上，看起来是没什么出路了。

这时，厂长端了杯茶给他，希望他去别处看看。吕驰并不死心，他喝了一口茶，看到这水又找到了新话题："这水真甜！可是天津人喝的水却是海河里沉淀出来的苦水啊，不用放茶叶就是黄的。"

他看到了厂长的手表是天津产的，接着说："您戴的也是天津表？听说现在全国每10块表中就有一块是天津的，每4袋碱就有一袋是天津的碱，您在工业领域非常在行，肯定非常了解工业多么需要水。造一辆自行车要用1吨水，造一吨碱要160吨水，造一吨纸要200吨水。引滦入津，就能解决用水的问题！没有炸药，这水也就很难供应上。"

他晓之以理，动之以情，厂长听了之后有些感动，问："你是天津人？""不，我是河南人，就是通水了，我也喝不上那滦河水啊。"厂长彻底折服了，立刻就拿起电话："全厂加班3天！"3天后，吕驰顺利地带着一车炸药踏上了返程的路。

生活中，能够给你很大帮助、身居高位的人往往有卓越的见识，任何虚伪欺骗、做作矫情和自负显摆的举动都会使他们心生厌恶，所有的自作聪明都可能被他们轻易地发现。他们对你的态度、评价会很大程度地影响你的前途。而真挚的情感、竭诚的态度则会帮助你击响对方的"心铃"，让双方的气场产生共鸣，从而让你广结善缘，使人生立于不败之地。

真诚的声音能给人带来甜美的感觉，真诚的态度会让人感到和缓，真诚的行为让人从容，真诚的举止给人优雅……真诚就像温暖的阳光一样，能改变气场，温暖人心，净化心灵。

气场的外在是人格魅力

相信生活中的每一个人都想和周围的人和睦相处，获得他人的信任、理解和友谊。那么，怎样才能讨人喜欢，受人信赖呢？其实这个问题的答案就与人格魅力有关。

人格魅力是指一个人在能力、道德品质、性格这些方面能够吸引人，它是气场对自我的终极塑造。在当今社会中，如果想要得到大家的认可与支持，获得事业上的成功，人格魅力是其中的基本点。

一个人的气场都反映在他的人格魅力上，如果你富有人格魅力，那么你的气场就能在最短的时间内获得人们的喜爱、信服。所以，人们应该懂得怎样把自己的人格魅力提升起来，并把它用于人际交往中。

1. 让你的行为尽量保持公平公正

让行为保持公正，弱者会依赖你。公正也会让你被强者尊重，他们将愿意与你为友，或者愿意无私地帮助你。公正是一种难得的人格魅力，你会从中获得极大的荣誉。

2. 不怕吃亏，你的气场也就变强了

人们常说吃亏是福，付出是有回报的。如果你为了大家的利益主动做出了牺牲，那么大家会为此而感动，然后大家就会很自然地信服你，你在大家心中也就有了无穷的人格魅力，你的气场也就变强了。

3. 有勇敢精神

勇敢的人大多是有气场的。虽然勇敢的人不一定会成功，但成功必然需要勇敢的精神。畏缩之人，即使得到也会失去；勇敢之人，失去的也会得到。只要勇于尝试、不断磨砺，勇敢地朝前走，希望就在你面前。

4. 提高气度，提升素质修养

大气是一种修养，也是一种底蕴，更是一种境界。在与人交往沟通时，大的气度往往可以让你很快得到别人的好感。对于气度大的人来说，其气场也比较强，并且不与人争，让人感觉很舒服。这种情况下，大家会很愿意跟他交往，他的气场也会变得更强大。

第九章

每个人都能因气场受益

带动好你周围的气场

气场是可以传染的。 也许你不相信，但是仔细思考一下，你就会同意这个观点。 例如，当你早晨刚刚走进办公室，看到每一个同事都洋溢着微笑，忙碌而拼命地工作，便会萌生出一股奋斗的激情，即便是刚刚还想着偷懒，也很快就将这个念头打消了。 但是，如果同事们或是带着烦闷的情绪，或是在焦躁地抱怨，这时候你很快就会发出消极的心灵感应，情绪也会受到极大的传染，感觉提不起精神，丧失了动力。

再比如，当你置身于疯狂的体育场中，倘若周围的观众都兴奋地大喊着"加油"，那么用不了多久，即使你刚刚遭遇了职场的打击，也会放下烦恼举起拳头，与所有人一起声嘶力竭。 现在，你该相信"气场是可以传染的"这句话了吧？

一个人，很容易受到周围气场的影响，变得沮丧或是激昂；一个团队，更需要积极的氛围作为支撑，这样才能够在遇到困难的时候，相互鼓励和扶持，共同想办法解决问题。

因此，倘若你是一个部门领导，或是一个企业的老板，那么你就更要去感受周围的气场。 千万别把这当作小事，倘若全体下属都抱着一种逃避和推卸责任的态度，只专注于个人的利益，为了鸡毛蒜皮的小事争得面红耳赤，结果只能是徒劳无功地耗损公司的资源。 久而久之，你的团队必然会没有凝聚力。 一个没有凝聚力的团队，想要渡过难关，这无异于天方夜谭。

更可怕的是，身处一个充满消极气场的环境之中，你也会逐渐变得消极，开始抱怨生活，抱怨他人。 "近朱者赤，近墨者黑"，说的就是这个道理。 而如果一个团队能形成积极的气场，那么不仅团队的未来会一片光明，你也会得到积极的暗示，从而培养出强大的气场。

喜欢在网上冲浪的朋友，一定不会对 My Space 这个社交网站感到陌生，有的还听说过罗森·鲍姆的名字。罗森·鲍姆是 My Space 第一任首席财务官，同时还是一位优秀的财务专家和管理专家，脾气出了名的好。然而很少有人知道，曾经的他却是一个脾气很坏的人。

20 世纪 70 年代，美国爆发了严重的金融危机。那个时候，罗森·鲍姆正在一家投资公司工作。由于股票市场崩溃，他的公司也不可避免地遇到了危机。在这种大环境下，没有一个人还能保持好心情，公司里仿佛就是战场，随时都会有人拍桌子吵架。

这种潜在的暴力气氛，同样也影响着罗森·鲍姆。每一天，他都感到不高兴，总想冲着人大吼，甚至摔打东西。因为，他也担心失业。

就在所有人的神经都即将崩溃之时，公司老板彼得·林奇及时站了出来。他找到罗森·鲍姆，给他上了人生最重要的一课。

罗森·鲍姆看到，就在所有同事都有些恐慌之时，老板彼得·林奇却显得不紧不慢，拿着一块抹布，认真地擦桌子。他对罗森·鲍姆说："失控解决不了任何问题，只能让自己变得更加不理智。作为管理者，一旦失控，就可能让公司失去扭转乾坤的机会。唯有接受现实，才能够走出现实。"

彼得·林奇的这番话，让罗森·鲍姆立刻意识到：其实生活根本没有想象的那么糟糕，只是自己被大环境影响，变得也有些神经质了。从此以后，不管他遇到多么糟糕的情况，都会选择忍耐，并且让自己在忍耐中找到乐趣和解决问题的方法。

就这样，罗森·鲍姆渐渐养成了沉稳的性格。无论遇到何种局面，人们感受到的，永远是他那种积极而淡定的气场。再后来，周围的人也随着他一同接受现实，平静地寻求解决之道。他的团队，自然在这种氛围中越来越强，成为显赫一时的财务管理组。

无论你是领导还是下属，想要在团队中获得成功，取得进步，就必须展现出积极的气场，以此给他人带来一种向上的影响。良好的意念和暗示，往往能够带来好的结局。

尤其当你作为一名管理者时，遇到下属大都沮丧时，就更要找出团队士气低落的具体原因，将所有的消极因素一一排除，并将其转换为积极的气场。这不仅可以拯救一个濒临危难的企业，也能唤起员工的斗志，让整个团队都具备强大的竞争力。你的气场，会让他们相信自己能够成功，充满自信和爆发力，这会直接影响他们做事的态度。即便还未做事，他们心里也已经构想了胜利的场景，从而向着成功稳步前进。你要告诉自己，只要有了好气场，那么一切都有可能。

职场是男性天生的战场

职场是男性天生的战场。 作为一个男人，社会的期望就是他可以尽情在职场中自由发挥的动力，同时一个男人在职场中也要承受更大的压力。 因此，作为一个男人，学会让自己的气场发挥作用就更有必要了，这样可以让自己在职场中更快地赢得成功。

1.35 岁前的男士，注意培养自己的综合能力

气场首先与年龄有一定联系，不过不同年龄的气场之间的差异，是表现形态上的区别，而没有高下和优劣之分。 25～35 岁的男性，在职场中发挥着举足轻重的作用。 如果他们不懒惰，且足够自信，就能在职场中有持续的活力和创新力。 男性固有的自尊和自强，在这一年龄段也显得尤为明显，支撑着职业男性的野心，并以拼搏赢得更多的赞许、掌声和亲情及友情方面的收获。 然而，这一切的起点都在于：具有善于发现的眼光，能够发现自己和别人的优势。

28 岁的 Mike 是纽约一名工作勤奋的广告设计员。每天除了不得不进行的应酬交际和运动外，他把绝大部分精力都花在了工作上。但是即使这样努力，去年以来逐渐接手的一些大型设计方案的设计，还是不能让他感到开心和满足。

他总是抱怨："在这个地方已经两年了，很多跟我一起

进公司的人都得到了升迁机会。我做得并不比他们差，怎么就还是这个样子不见进展呢？"

这名毕业于常青藤盟校的"天之骄子"已经任职了3家公司，最终都因为自己的能力得不到充分的展示而选择了离开。"现在我仍然面对这样的困境，我觉得公司上层好像没有注意到我的业绩。"

经过深入的交谈可以发现：作为设计员他非常出色，有着灵活的头脑，思维发散，敢于和善于打破各种常规。然而，他总是不分场合急切地表达自己的观点，并且不能尊重领导和包容同事的意见，将地位看得太重。

气场体现着一个人的综合能力，具有强大气场的人必是综合能力强并心态平衡的人。而年轻人普遍的浮躁和急功近利心理很容易造成心态失衡。在激烈的社会竞争中，年轻人激情洋溢、急于向社会证明自己的价值是一件好事，但保持自然、宽容的心态，才是重要的。更重要的是，要学会发现别人的优点，同时还要学会包容同事，对他人进行恰到好处的赞美，这样才会使你的个人气场增强。个只会埋头工作或只会察言观色的男人都不能算是成功的人，只有学会找到两者间微妙的平衡，才能让自己的努力有相应的收获。

2.40岁的男士，身体健康最重要

职场如战场。男人在空前激烈的竞争面前，有时候必须放下一些尊严，加快自己的步伐，"40岁以前拼命挣钱，40岁以后花钱保命"已经是许多职场中人面临的真实情况。大多数男性的成功都以高强度的精力消耗作为代价，男人们固有的征服欲望会让他们忘记

健康，从而患上"集体病"。　随着众多男性的身体状况从年轻时的生龙活虎变得衰弱苍老，他们的"气场"也在悄然变化。

在硅谷从事 IT 业的格林先生从刚开始参加工作就不注意健康问题，刚过 35 岁的他不但已经开始谢顶，而且常常感到体力不支。他一年有 11 个月在办公室开发软件，以办公室为阵地，剩下的 1 个月基本消耗在各种 IT 展会和业务洽谈上。因为努力，他工作不久就成为公司项目负责人，然而他的身体也慢慢变得不再健康。

"今年我的胃病常常复发，胃部痉挛，可我没时间去看医生，因为工作原因我实在没有时间。"在一个鸡尾酒会上，格林先生叫苦不迭。"如今这生活节奏真的太快了，经常让我头晕目眩。然而我只有撑下去，撑到 45 岁，攒笔钱退休。"格林先生的想法恐怕是现在很多 IT 行业的人的梦想。如今，他像一只永远无法停转的陀螺，为了能够胜出，一刻都不能停下来。

美国一家最权威的调查机构的调查显示：在各种职场中，有这样一些行业压力较大：IT、营销、媒体、房地产、投资、信息等。42.1% 的受调查者认为，已经有点受不了这样的压力；51.2% 的受调查者表示有压力，但还在可以接受的范围。而不同年龄段的情况又有所不同，41～50 岁的男性压力感最大，55.6% 的人表示有压力。

超负荷工作，不但会使得人的精神压力过大，而且导致一些疾病的发病率也更高，如心脏病、中风、高血压、胃溃疡、神经衰弱等，还导致一些不良习惯的产生，如抽烟、暴饮暴食等，这些情况或者发展为更加严重的疾病，或者致命。因此，合理减压就成为职场中男士的必然选择。

男士的减压方式很多，多吃相应的美食就可以减压。 科学研究发现，含有 DHA 的鱼油非常有利于减压，富含这种鱼油的鱼类主要有鲑鱼、白鲔鱼、黑鲔鱼、鲐鱼等。 硒元素也能有效减压，含这种元素较多的食物有金枪鱼、巴西栗和大蒜。 维生素 B 家族中的 B_2、B_5 和 B_6 对于减压也非常有效，谷物中就包含大量的这些维生素，因此多吃谷物就能减压。

压力会对人的身体造成危害，主要是因为长期郁结于心，一些毒素就会因此产生。 而美食可以抵抗压力产生的毒素。

另一种有效的减压方式就是发泄。 常见的发泄方式有两种：一种是暴力式的，例如日本的一些酒吧就设有专供发泄的暗室，压力人士可以在这里砸桌子、打击沙袋等等；而另一种相对比较温和的发泄方式是通过写博客、写日志等"写"的方式，使愤怒在理性中消失。 美国心理协会倍加推崇写作减压这种方式，他们主张"把烦恼写出来"。 主要写些什么呢？ 写你的压力体验，也就是你的所有烦恼。 早在 1996 年，有这样一个著名的实验：将 10 个人分为两组，一组人员专写压力和烦恼，另一组人员则只是写一些无关紧要的话题。 每 5 天一个周期，持续 6 周后，发现前一组人员心态更加积极、病症较少，后一组成员却出现生病、厌世等不好的现象。 这种减压方式简单方便，现在不仅医院大夫鼓励病人记病床日记，甚至还有专门的书籍和杂志指导人们如何"写出烦恼"。

3. 在职场上培养异性缘

日本就业问题专家曾发表一项研究报告，该报告指出，男人如果想要得到升迁的机会，则必须表现出自己温和绅士的一面；而女性职员若想升职，就必须表现出理性豁达的一面。这一点让很多职场人士发现，原来那些传统上认为专属男性或女性的"本性"特质，在竞争激烈的职场中，有时候并不能给自己加分。

马上就要到年底了，艾米的公司决定在新的一年给大家一个惊喜，把大家的台式电脑全部换成新的。然而很快传来另一个消息，负责采购的杰克和凯瑟琳在款式上争得面红耳赤，到最后也没有确定购买方案，年底之前用上新机器的梦想是否会泡汤呢？他俩的冲突其实并不严重，杰克建议购买体积较大、扩展能力较强的机箱；而凯瑟琳却喜欢那些轻便小巧、颜色鲜艳，并带有液晶显示的机箱。两个人谁都不愿让步，最后只好各打一份报告提交。杰克再三强调实用性并详细分析了性价比，而凯瑟琳则在自己选择的价格优势上面大做文章，并力推"办公设备美观，提升员工工作热情"的主张。

职场男女处事的差异如此巨大，到底是什么导致的呢？哈佛大学心理学教授 Green Erickson 表示，最根本原因是生理差异，同时后天因素也占很大一部分。

首先，男性和女性的大脑结构有差异，随之他们的思维模式就大不相同。男性在以大脑皮层为中心的思维活动中，理性的逻辑占很大比例。女性的行为则主要受大脑边缘系统的控制，主要由这个系统控制的本能就更多地投射在女性身上。这种生理差异造成男性更注重理性而女性更侧重感性；男性多定向于事，女性多定向于人；男性对于问题的实质考虑较多，女性多顾虑问题的形式；男性更习惯抽象型记忆，而女性则更喜欢直观易懂的表达。

其次，男女差异与大众对于男女两性的社会印象认知有关。在传统的认知观念里，大部分的男性都认为，优秀的女性大多要含蓄、内敛、温顺、细心，在必要的时候能提供贴心的安慰与关怀，能够在必要的时候帮助男人。而女人喜欢的男性，一定要具备睿智、果敢、坚韧、拼搏、强健、有魄力等优点，并且有卓越的领导才能，同时值得信任和依赖，尤其是一定不能软弱。因此，在当下竞争激烈的职场中，一方面女人常常责怪男人不够果敢，缺少责任意识，而男人则无法容忍女人太过强势和专横；另一方面，女人责怪男人不够体贴，不能换角度思考问题，而男人则嫌女人啰唆、麻烦，眼光不够长远。

最后，还与个人的生长环境有关，主要包括父母性格遗传、家庭背景以及一直以来生活的环境等等。无论男性还是女性，其成长的家庭环境都会影响到以后的处事方式。例如，一个生长在管教严厉又是单亲家庭中的男孩，可能因为母亲自小无休无止的责骂与呵斥形成内向和沉默的性格。那么他在工作以后，很可能讨厌身边的女性喋喋不休，并且不能好好和她们相处。而一个由父亲带大的女孩，很有可能非常不喜欢依赖性强的男性，或者走向另一个极端，对带有大男子主义倾向的工作方式特别有意见。

职场中的男性想要如鱼得水，一定要学会搞好和女同事的关系，这样才会让自己的气场变得真正强大起来。

（1）要学会全面理性地认识对方

性别差异是一种在长期的自然繁衍中逐渐形成的客观情况，在职场中想要两性愉快相处，首先需要双方理性地看待这种差异，对同事的各种特点进行接纳，并且尽量弥补这种差异。再回到上面的例子，采购电脑前，男性应在行动之前充分考虑到女性对于外观、色彩等方面的感性需求，而不要刻意推荐款式过于笨拙、颜色暗淡的商品；女性也应该考虑到男性关于性能、实用等方面的需求，不要一味追求时尚靓丽。两个人应该尽量综合各自的观点，最大限度地实现利益平衡。

（2）要学会沟通，进行必要的妥协

任何意见的沟通，都是为了解决存在的问题，更好实现各自的需求。然而，性别差异有时所形成的主观感受，却无法通过单纯沟通而得以改变。遇到这样的情况，如果男女双方都坚持原则，誓死捍卫自身利益，一点妥协和退让都没有，那么沟通必将成为战争的导火索，职场就真的像是一个战场了。因此，在产生意见分歧时，男女双方在充分陈述完自己的立场和主张后，可以在顾全大局的基础上，选择或重新制定出一个最有利于双方的规划。

（3）要巧妙发挥男女双方的性别优势

大多数人都赞成"男女搭配，干活不累"，表明大多数人都有这样的经历，并且都曾从中获益。职场男女，同样可以通过好好发挥各自的性别优势，而促成有着共同目标又能以不同方式进行的工作环境，让大家都能在良好的氛围中工作，圆满完成任务。比如，男性在谈判中可以扮演统观全局、辩驳争论的角色，而女性则很适合做在整个过程中深入"内部"的情感公关。

"大处着眼，小处着手。"再比如当团队决策遇到困难的时候，男性可以发挥其坚毅、理性的思维特点，集中精力分析棘手问题的关键所在，提出解决问题的方法；而女性则凭借她们柔和、恬静的气质，帮助团队中的成员疏通心理压力，放松身心。

女性同样可以在职场中取得成功

在职场中并不是只有男性可以取得成功，女性同样能用气场赢得自己的成功。但是不能不承认，女性要在职场中成功，需要承受的压力比男性更大。面对这种压力，女性需要更多的职场智慧去化解，需要更强的气场去面对。

1. 职场女性的压力

美国的一项研究发现表明，不管是人还是其他动物，均显示出性激素在某种程度上对于应对压力的反应有一定的影响。在同样的情况下，处于压力状态下的女性会比男性有更多的化学物质产生。科学家将处于压力状态下的雌鼠的卵巢（雌性生殖器官）切除，它们的化学反应和雄鼠就没有什么区别了。导致女性的压力化学物不断增长的原因，是因为她们面对的压力比男性更多。科学家认为，女性对压力的耐受力甚至超过了男性，只是因为她们需要处理的事务比男性更多，因此，才导致她们更明显、更早地出现疲惫不堪的状态。

在日常生活中，人们会经常看到女性陷入多种纠结而难以解脱。职场女性长相出众本没有错，可是长得太漂亮有可能会影响到工作，职场女性受到性骚扰的事情屡有发生。很多女性既想洁身自好，又想保住这份来之不易的工作，因此患抑郁症的概率相对较高。

女性在职场里，着装不但需要漂亮和得体，还要做到职业化着装。因此，如果穿着不得体或者是着装形象不好，会让女性感到困扰。调查表明，60%的女性上班前不知道该穿什么，在镜子前不停更换，直到折腾得筋疲力尽。

因职业需要，职场女性的健康状况很容易受到环境的影响，比如被迫接受电脑辐射、长期伏案、疏于运动等，导致刚刚进入更年期，身体就开始走下坡路，造成积累性机体受损。很明显，长期的机能失调、过大强度的工作压力、不良的工作环境和工作姿势，会导致身体过早发出危机信号。所以，女性定期做身体检查是十分必要的。

尽管人们都非常认可当今这个时代早已男女平等，但女性在从业过程中多多少少会有一些麻烦，比如：结婚、怀孕、生育、照顾家人……这一系列事情使女性需要付出相对更多的精力，这也导致女性在招聘市场上频频遭遇很多企业的歧视。

惶恐紧张的女性如果长期得不到充分的休息与放松，或者是心理调节不好，一旦外界压力稍有变化，就会产生不良的情绪。轻则注意力降低、焦虑不安，重则举止失常，很容易因此导致抑郁症。

女性在穿着、长相、健康等方面的焦虑有很多，最让她们担忧的是自己的情感问题。不少职场女性因为工作忙碌、工作压力大、接触的人太少等外界因素和高不成、低不就的心理因素，个人的感情问题一直解决不了，或者目前的婚姻状况不像预期中那么好。

美国宾夕法尼亚州的心理治疗师琳达·杰奎琳曾表示，在职场中，大多数女性认为老板是最大的压力。事实上，对于女性来说，来自同事的压力远远大于来自上司的压力。这个观点准确地揭示了女性在职场之中的不易，女性受到的是来自于领导与同事的双重压力。来自同事间的压力甚至会大于领导施加的压力。因为同事间的各种差异，都可能逐渐演变成压力。 所以，女性在学会面对来自上级的压力时，还要学会处理来自周围环境的各种压力。

2. 职场女性如何提升气场

在生活中，人们常常会感觉到知性女人的魅力更让男人心动。她们处变不惊，在处理突发事件上往往更镇定，因此压力往往更能展现她们独特的魅力。 这样的女人见多识广，而且视野和思维都开阔，能"包罗万象""海纳百川"，偏爱并忠实于自己内心的真实感受，不会轻易地迷失在灯红酒绿、纸醉金迷之中。 她们懂得精挑细选的艺术，在芸芸众生中，知道自己该如何去寻找、挑选、鉴别、欣赏那些心灵相通的人。 因此，她们更懂得如何辨别真假。

不断提升自己的气场会使你成为这样的女人。 对于职场女性来说，一定要明白精神追求高于物质追求，读书不一定要有多精，但要读得有思想、有品位。 同时，要远离有着庸俗、浅薄、轻浮秉性的男人。 生性细腻的女人应该对于内心感受特别注重，并拥有不同于常人的审美个性和处世原则。 能做到这些，久而久之，女性的气场就肯定能得到加强。

女性的强大气场来自于自己内心强大的信念。 很多女性因为不自信而产生不符合实际的感觉，导致她们常常感到压力重重。 然而，她们一旦学会利用气场改变一些想法，压力往往会成为事业有成的源源不断的动力。

瑟琳娜是一位在计算机科学方面有很大贡献的女科学家。她的研究成果现已成为许多程序设计的基础语言，包括ADA、C＋＋、Java等，她曾经多次成为图灵奖候选人。2010年9月末的一天，她前往哥伦比亚大学的一所计算机软件开发中心去和大家交谈。此次主要是针对女性职业生涯发展设计的圆桌对话，气氛很轻松，就像是晚辈与长者之间的闲聊。这天，瑟琳娜穿着粉色的大衣，脸上始终挂着和蔼的微笑，满面春风，举止仪态温文尔雅。在这次闲聊中，她妙语连珠，并且思维非常缜密，让在座的每个人受益匪浅。

瑟琳娜谈到，当年读大学的时候，自己也有一些自卑，甚至不敢在课堂上举手提问。由于身边的同学都是男生，她从外界得到的鼓励和支持比较少。于是，"我便全身心地投入到我所感兴趣的学习中去，并且相信自己一定会成功"。她说，女性自信确实是一个值得人们讨论的话题，随着年龄和阅历的增加，女性一定要变得越来越有自信才行。

她讲到，她曾经在一堂课上用长相来测试过女孩子们是不是有自信。她首先是让大家匿名选出自己认为最漂亮的女孩，然后一一了解她们怎么评价自己。令她惊讶的是，当她问到一个大家公认为最漂亮的女孩时，她却不承认自己是漂亮的，并且一直对自己的长相感到很自卑。在课下悄悄问她，感到自卑的具体是哪一个部位。她说她第六颗牙齿长得不够好，因此会经常对着镜子练习：笑到何等程度才能不露出第六颗牙齿。

"我告诉她，我从没见过她一直都很在意她那颗牙齿的缺陷。她说：'当然了，我从来不笑啊。'由此，我了解了这个女生的特点，她从小就成为一个冷美人，就算是很好的男孩子喜欢她，她也一直认为不能跟他近距离接触，认为他追求自己是因为没有看到第六颗牙齿，要是跟他一起吃饭什么的，他看到她第六颗牙齿后就不会再爱她了。"

瑟琳娜的精彩讲述让大家觉得非常震撼，大家都觉得自己就是那个第六颗牙齿不完美的女孩。瑟琳娜和大家的对话结束后，又有人询问她关于这个女孩后来的事情。令人惊异的是，她说："那个女孩就是我——博士，你们看我的第六颗牙齿是不是非常与众不同呢？"

瑟琳娜其实正是在相信无论第六颗牙齿是否漂亮都不影响自己之后，建立了自信，增强了自身气场，并开始在计算机领域连续取得各种突破的。

管理者的气场对企业发展有重要意义

管理者是企业发展的主心骨，因此他们的气场强大程度，不但对自己，而且对于企业都有至关重要的意义。企业管理者的水平和素质往往决定着企业的发展，如果管理者的素质达不到科学化和人性化的标准，企业发展就不会好。也就是说，如果企业管理者的气场不足以影响他人，则往往对公司的发展不利。

美国哈佛大学商学院哈维尔教授认为，不管是哪个层次的管理人员，一个企业的合格管理人员都应具备以下精神：积极参与到合作之中，对人不是以势压人而是说服和感召人；能根据客观情况做出决策；擅长挖掘下属的潜力，组织人力、物力和财力，自己引导发展的方向；敢于创新，对新事物、新环境、新技术、新观念有敏锐的感受力；敢于承担风险，勇于承担责任；等等。

1. 培养高水平的管理者

美国一个著名的全球顾问公司亨利集团，在 2009 年曾调查了所有的员工并发现，在他们的 3000 多名中、高层管理者和领导者中，一半以上的人觉得自己不再有开始的积极性。研究还显示，在这些领导者的"率先垂范"下，员工们（有的自身也是管理者）有的觉得方向不明确，难以准确进行角色定位；有的热衷于内耗，觉得浪费了很多资源和精力，对自己的组织没有很亲切的感觉；有的觉得授权范围有限，领导的要求实在太苛刻；有的又觉得缺少应有的认可和回报；而有的人认为没有什么自由，束缚住了他们旺盛的创造力。

从这一调查中人们可以发现，公司成员的感受非常重要，那么如何才能让员工变得积极呢？研究表明，如果想让员工变得积极，首先要从改变领导人和管理者开始（也可以看作气场的提升过程）。

马云的气场就非常强大，他认识到高层领导者身上的气场，会对员工及下属产生促进作用。就是因为这个信念，阿里巴巴集团非常重视对各层次管理者投入时间和精力，对这些管理者进行特别培训。从马云开始，每年花大量的时间去发现和培养领导人才，高级领导人每年都会用差不多半个月的时间来讨论人才发展问题。每到年末报告的时候，集团都要求副总裁以上的管理者，向大家讲述自己为集团引入了多少好的管理人才以及这些人才所发挥的各种作用。不仅如此，阿里巴巴集团还用轮岗来对领导人员进行进一步的训练。他们每年都有一定比例的中高级领导者进行轮岗，轮岗时间可以是半年或一年半，职位可能与原来的工作相符，也可能有很大的差别。例如人力资源部的负责人，可能会进入销售和市场部，或者其他的部门。这样一方面是为了创新机制，另一方面也是为了最大限度挖掘领导的潜力。

根据美国的权威数据，2009 年，华为集团的销售额达 200 多亿美元，成为继联想集团之后，成功闯入世界 500 强的又一家中国民营企业。2010 年度的"世界品牌 500 强"，华为集团再次入选。这个伟大集团的成功，与他们对领导者和管理者的培养是无法分开的。

在华为，高层领导们都有一种共识，就是他们和企业是共同成功的，需要高度的群体合作才能取得。每一位华为的领导人，在他们的成长历程中，都会得到大量的轮岗机会，获得跨部门、跨领域的视野，在协同中用对方的眼光看待问题，换位思考。而且，华为的很多决策是由很多领域的领导人集体决定的。正是这种跨部门和领域委员会的组织形态和决策方式，使得华为的前进方向一直都是正确的，还使得华为的领导人培养了跨领域的领导方式，学会了倾听、沟通和协作等各种能力。

2. 提升管理者自身素质

管理者必须具备的资本是气场。管理者的气场，不仅仅关系到个人的成功，更影响着团队的士气与前程。它就是一种无与伦比的品格，也是一种大能力、大智慧和大勇气。如果管理者缺少气场，不足以影响他人，就容易造成决策受阻或遭遇没法落实目标的尴尬，这是件很糟糕的事情。中国有句俗语，"强将手下无弱兵"。如果主管不合格，对于组织的影响是直接而深远的，甚至影响着大局的成败。

阿里巴巴集团和华为集团运用一种有效的客观机制，创造极好的条件提升管理者的气场。然而仅仅依赖客观机制还是不够的，身为一名管理者，尤其是高层管理者，一定要从内而外提升自己的气场。

良好的品德是职场管理者的通行证，它有一种强大的自然魅力，可以让人在不知不觉中被影响，不知不觉开始信任领导者。如果管理者做到了心正、言正、身正、行正，正气凛然，公司成员们就会敬重他，成为他的贴心人。

亚当森是英国邓迪市一家工厂的领导人，这家工厂快要破产时情况很不好——产品质量差、客户满意度低、管理混乱，就连工人管理也出现了问题。工厂甚至已经到了马上就要宣布破产的绝境，亚当森决定改革。他首先真实地向大家说明了厂里的现实情况，然后和员工一起制定可行的目标，要求大家同心协力、共渡难关。他说道："现在，我们正身处危机之中。虽然说形势真的很不好，但并非已无可救药。我会这样说，是因为我以前曾帮助别的企业转危为安。因此，请你们帮助我。也就是说，要么你跟着我好好干，要么就立马走人。"在这个紧急时刻，确实是他的良好品德起了重要作用，因为在场的很多人比他更了解工厂的真实情况，一旦他虚报公司情况，人群就会口哨声一片。然而他的发言却打动了听众，也使得工厂情况慢慢变好。

像法官一样公正，是职场中的人们最喜欢的品质。管理者在管理行为中，对评先评优、员工福利及处理人事等这些方面，一定要切实做到公开、公平、公道、公正，奖罚严明。只有这样，员工才会认可你，继而赢得员工的尊敬。

管理者能够领导众多员工，必然要有一定的过人之处，这就对他们的领导能力有很高的要求，包括管理能力、沟通能力、解决问题能力、营销宣传能力等等。在这些能力当中，前瞻的决策力无疑是最重要的。

Google 前 CEO 施密特是一位在决策方面很擅长的人。在他之前，Google 公司高层曾与许多候选人接触，但没有人能说清 Google 到底有什么样的未来。施密特的设想使得所有在场的人，甚至连 Google 的两位创始人佩奇与布林全都赞不绝口。施密特后来追忆说，当他最初与两位老板交流时，"他们根本不同意我的任何决定"。例如，他们不能理解为什么公司一定要大规模发展，然而在施密特的设想中，Google 的未来必定是向全世界发展的。2001 年，Google 的年销售额仅为 8640 万美元。而在施密特成为领导人之后，Google 的年收入已经高达 30 多亿美元。

中国是一个讲诚信的国家。因此，管理者一定要对下属充分信任，学会在工作中淡化权力意识，把事情交给放心的人去做，学会让每一个人的积极性得到发挥，发现他们的优点。

IBM 规模还很小的时候，当时的首席执行官老沃森的领导方式很是独特，他的儿子小沃森在成为继承人后，讲述了他的父亲是怎样让下属信任的。

"父亲从未开除过员工。他告诉员工，他需要他们的力量，他所做的就是让他们变得更好。父亲知道，若要赢得员工的忠诚，就一定要让他们懂得自尊。多年以后，当我进入 IBM 时，公司的高额薪水、优厚待遇以及公司成员积极投入事业早已闻名于世。但在创业之初公司还一点起色都没有的时候，父亲是靠着自己的言行让员工们忠诚于公司的。"最后，小沃森说，父亲坚持"宽容的管理方式"是对的，公司的士气与生产效率在他父亲的管理下都非常高。

管理者虽然处于领导层，但是一定要注意和下属搞好关系。一个现代企业的管理者，就应该有现代的民主意识。批评员工时，要讲究方法，懂得批评艺术的真谛是使人欢而不是招人怨，并且最终把事情办好。

强大的职场气场来自于强大的实力

在一次演讲中，一位著名的演说家手里拿着一张大额的钞票。面对在场的 200 个人，他问："你们有谁想要吗？"

一只只手举了起来。他接着说："我打算把这 20 美元送给你们中的一位，但是在送给你们之前，请准许我做一件事。"他说完后，便将钞票揉成一团，然后问："现在还有人要吗？"仍有人举起手来。

他又说："那么，假如我这样做呢？"他把钞票扔到地上，用脚踩了几下，然后他抬起那张已变得又脏又皱的钞票，问："现在还有人要吗？"还是有人举起手来。

"朋友们，你们已经上了很有意义的一课。不管这张钞票变得怎么样了，你们还是想要它，因为在你们眼中一张钞票的地位决定于它自身的价值。"

许多因素影响着你的职场气场，但是它只被你的价值决定，你的实力决定。

任何一位有进取心的老板都希望自己的员工能干并且会干，老板需要有创造力、业绩优秀的员工。如果你能够使公司的业绩一下子得到提高，那么你的职场气场，以及你在老板和同事眼中的地位也必将大大提高。

当今社会，人才对于任何一家企业来说都有着无法比拟的重要性。凡是有远见的企业无一不把招揽人才列为工作的重中之重。

微软公司每年接到来自全世界的求职申请达到 12 万份，虽然求职者众多，但比尔·盖茨仍不满足，他认为还有许多令人满意的人才没有将注意力放在微软上，因而微软很可能漏掉一些最优秀的人。

不论世界上哪个角落有他中意的人才，比尔·盖茨都会不惜任何代价让其成为公司的一员。2008年2月，当媒体向正在考虑收购雅虎的比尔·盖茨发问"为什么雅虎值400亿美元"时，比尔·盖茨是这样回答的："我们看上的并非是该公司的产品、广告或者它在市场上有多大的影响力，而是雅虎的工程师。"他表示，这些人才是让微软未来能发展更好的关键。由此可见，一个有实力的人，在企业中展现出来的气场具有多大的作用。

吉姆·阿尔钦是微软顶级的产品研发大师之一。当年，比尔·盖茨通过朋友多次联系他，邀请他为微软效力，阿尔钦都置之不理，最后禁不住比尔·盖茨的再三邀请，这才答应跟他见面谈谈。他一见到比尔·盖茨就毫不客气地说："微软的软件真的没有一点优点，实在不懂你们请我来做什么。"比尔·盖茨不但不介意，反而很谦虚地对他说："正是因为微软的软件有各种各样的不足，微软才需要你这样的人才。"最后，阿尔钦禁不住邀请终于决定加入微软。

正如上例，比尔·盖茨安排的很多"面试"，不是在考别人，而是在用请求的方式吸引人才。用微软研究院副院长杰克·巴利斯的话说，像是在推销自己的公司一样。美国媒体经常提到另外一个著名的例子，加利福尼亚州"硅谷"的两位计算机奇才——吉姆·格雷和戈登·贝尔，在微软千方百计的说服下最终决定加入微软公司，但他们不喜欢微软总部在冬季总是阴雨绵绵，比尔·盖茨就在阳光普照的硅谷为他们建立了一个全新的研究院。

让公司主动来求你为它工作，这真是很有面子的事情。 吉姆·

阿尔钦和吉姆·格雷等人能够办到，完全是因为他们拥有过人的实力。

强大的职场气场来自于强大的实力。你选择一份职业，你也在选择一种生活方式：你可以选择凑凑合合地把活儿干完，不管别人在背后怎么评价你；也可以选择把工作做得漂漂亮亮，让别人欣赏和尊重你。既然选择做一件事，就要把它做好，抱怨工作累或薪水低一点都不会促进你的个人发展，只有把精力尽可能集中在能做出最好成绩的事上，你才能拥有笑傲职场的强大气场。

在职场中学会变换气场

职场强调团队精神而非个人主义，因此，应当努力将自己的气场融入集体和他人的气场之中。一味锋芒毕露，只会侵犯别人的自尊，影响团队合作，最终损人不利己。

越是能干的人，就越应该审慎低调，避免得罪人。当然，你未必会同意这个看法。如果不爱表现、不露锋芒，如何崭露头角，得到他人肯定？其实关键在于把握一个度，是适度表现，而不是过度表现。一个人的职场气场是由他的能力、热忱、责任心、事业心决定的，若你的气质由内而外显现，老板和同事自然能感受到你的能力所在。

总之，你应脚踏实地，运用自己的才能和精力认真做事，以业绩支撑自己的气场，而不是一味地刻意表现自己。无论你内心的真实想法与外界有多大差距，都要保持平静如水、泰然处之的外在，你的沉稳干练将会是你优秀的极佳证明。

《道德经》中有一句话："大成若缺，其用不弊。大盈若冲，其用不穷。"适时收敛气场，切莫太具攻击性、盛气凌人，反而能增强你的气场。

但是，低调行事，收敛你的气场并非是你软弱无能的表现。在办公室里，既要做到不侵害他人，也要做到不卑不亢——气场太强，同事会对你心怀不满，气场太弱，你会觉得处处受委屈。

乔茂是某出版社的职员，因自己并非本地人，在工作中他处处小心、事事谨慎，对同事都礼敬有加。与同事偶尔起了冲突，他从不据理力争，而是选择退让。大家都认为他很老实，于是，时常对他不以为意，致使他时常吃哑巴亏。乔茂心感委屈，开始对自己的为人处世之道进行反省。

有一天，办公室某同事玩忽职守导致东西丢失。这个同事便嫁祸给乔茂，说当时自己有事，是乔茂替自己值的班。主任在会上通报这件事时，乔茂立刻起身反驳："主任，请您详细查看当日的值班表。那天值班的人并不是我，怎么能说我不负责任？主任，有人别有用心，想找我当替罪羊！"接着，他又转向那个同事，严厉地说："告诉大家，我们共事是缘分，明争暗斗的事我实在不愿意参与。从今往后，谁再以从前的态度对我，对不起，我就不客气了。"

经过这件事，同事们对他的态度缓和不少。他也告别了处处被人欺负的老实人角色。

"吃柿子专拣软的捏"，这是人的劣根性之一。想争取办公室的平等权，就不能太过老实。 随着社会的发展，办公室的竞争也逐步升级，如果你以一个弱者的气场出现在办公室，不但难以博得他人的同情，反而人人都会凌驾于你之上。

欺软怕硬是办公室生存法则之一。 如果你的气场十分软弱，你的气场就容易被上司和同事的气场压迫，从而被人忽略，不可能被他人正视。 你必须壮大自己的气场，据理力争免于被人欺负，除此之外，还要提升自己的工作能力。 这样，欺负你的人才会有所忌惮，不敢再对你肆意妄为。

有些人认为"吃亏就是占便宜"，吃小亏不打紧，以阿 Q 精神胜利法聊以自慰，但忍一时还尚可，却不是解决问题的方法。

在职场中，气场为王，想要晋升，就应用自身气场对老板和同事施加影响，这绝非一个软弱无力的老实人力所能及的。 在职场中，固然不需要锋芒毕露的强势气场，却必须要有进可攻退可守的气魄。 在职场上，人不犯我我不犯人，一旦有人侵犯，必须占据主动位置，做到积极回应。

《三国演义》中曹操以龙论英雄，说："龙之为物，可比世之英雄。 龙，能大能小，能升能隐，大则兴云吐雾，小则隐介藏形，升则飞腾于宇宙之间，隐则潜伏于波涛之内！"在办公室里，气场就如同龙，适时强化，适时收敛。 蛮横并不是强大，忍让也非低调，只有把握了可大可小的"龙道"，你的职场气场才会真正强大。